Impressum

Copyright: Auto-Technik-Museum e.V.
Museumsplatz
74889 Sinsheim
Konzept: Vanessa Layher
Fotos: Sebastian Schnepper
Text: Sofia Last

Layout, Satz: Gestalterei für Gebrauchsgrafik
Christine Großkinsky
Im Grund 2
74842 Billigheim

Druck: Druckerei Ziegler GmbH & CO. KG
Auwiesen 1
74924 Neckarbischofsheim

Buchbinderei: Buchbinderei Schaumann GmbH
Staudingerstraße 4
64293 Darmstadt

ISBN: 978-3-613-30925-8

Auflage: 1. Auflage 2019

Danke

Unser herzlicher Dank gilt

den Mitgliedern des Fördervereins

AUTO + TECHNIK MUSEUM SINSHEIM e.V.

den Leihgebern der Exponate,

den Freunden und Fans der *Technik Museen Sinsheim Speyer*

sowie allen Mitarbeitern,

die zum Gelingen dieses Buches beigetragen haben.

TOP FUEL DRAGSTER „VICTOR"

Baujahr:	2001
Leistung:	6.500 PS
Hubraum:	8.200 ccm
Motor:	V8

Rico Anthes

Rico Anthes

EIN GEFÜHL, ALS WÄRE MAN MIT EINEM KATAPULT ABGESCHOSSEN WORDEN

400 m in 4,92 sec, mit der Höchstgeschwindigkeit von 481 km/h. Das ist 2001 Europa-Bestzeit, aufgestellt von Rico Anthes. Den Fans ist er ein Begriff, denn keiner hat in drei Jahrzehnten den Dragster Rennsport in Deutschland mehr geprägt als er. Er begann seine Karriere 1979. Vom Newcomer stieg er 1986 in die Pro Comp Klasse, 1992 in die Top Fuel Klasse, die Königsklasse im Dragstersport, auf. 1997 wurde er in dieser Klasse Europameister. Von 1986 bis 2007 war er Organisator und Veranstalter der NitrOlympX auf dem Hockenheimring.

Bis zum Jahr 1979 hatte ich das motorsportliche Verständnis eines Säuglings. Dann war ich eher per Zufall mit ein paar Freunden bei einem Rennen auf einem Fliegerhorst in Erlensee und erlebte erstmals live die Startbeschleunigung eines Funny Cars. Das hat mich so stark beeindruckt, dass ich beschloss, mehr über diese seltsame Motorsportart zu erfahren. Nachdem mich das Rennfieber gepackt hatte, ging dann alles ziemlich schnell.

Schon wenige Wochen später nahm ich, mit meinem straßenzugelassenen Golf GTI, an einem Rennen beim gleichen Fliegerhorst in Erlensee teil. Ein 1958er Chevy BelAir war dann mein erstes Muscle Car. Der war aber nicht schnell genug, also kaufte ich mir in den USA, dem Land der Dragster, ein echtes Dragsterfahrzeug, mit dem ich in den 80ern auch in England und Schweden an Rennen teilnahm. Aus diesem US-Dragster wurde die „Wildente" und noch weitere Dragster kamen im Lauf der nächsten Jahre dazu.

Was mich bei dem Sport ohne Zweifel am meisten fasziniert, ist der Speed und die Beschleunigung. Jeder hat wohl schon einmal den Drang verspürt, seinem Auto die Sporen zu geben oder beim Straßennachbarn gedacht: Mal sehen, wer schneller ist. Nichts anderes ist Drag Racing. Die Basics sind und bleiben: das Duell an der Startampel, die beste Reaktion, blitzschnelles Schalten der Gänge und optimale Beschleunigung bis zum Erreichen des Ziels am Ende der Viertelmeile.

DER SPEED IST ATEMBERAUBEND, DIE BESCHLEUNIGUNG MIT 5 ODER 6 G BEIM START IST WIE EIN TRITT INS KREUZ.

Von 0 auf 100 in weniger als einer Sekunde ist ein Gefühl, als wäre man mit einem Katapult abgeschossen worden. Bei Tempo 480 tritt man in eine andere Welt ein. Die Wahrnehmung des Gehirns wechselt scheinbar in einen anderen Modus, denn die 400 m Renndistanz wird gespenstisch lang und jede Sekunde dauert scheinbar Minuten. Man reagiert im Bruchteil eines Wimpernschlags. Wer beim Start länger als 45 Hundertstelsekunden braucht, hat das Rennen schon verloren.

Dragster-Fans haben mich immer wieder gefragt, ob es eine Möglichkeit gibt, selbst mit einem Dragster zu fahren. Da man seinen Dragster einem Laien nicht in die Hände gibt, haben ich und mein Team einen meiner Top Fuel Dragster in einen Zweisitzer umgebaut. Erster Fahrgast war Kai Ebel bei einem Formel-1-Rennen in Hockenheim. Sein Fazit:

ICH HABE NUR DARAUF GEWARTET, DASS DAS DING ABHEBT.

Heute bin ich nicht mehr aktiv. Ich habe nach der Geburt meines Sohns Victor im Jahr 2002 mein letztes Rennen in einem Top Fuel Dragster gefahren.

Die Entscheidung war für mich ziemlich einfach, denn ich will meinem Sohn noch lange Vater sein und das Risiko fährt beim Drag Racing immer mit. Im Jahr 1993 habe ich zum Beispiel mit meinem Top Fuel Dragster eine Rolle rückwärts absolviert, weil die Front beim Start senkrecht aufstieg und mich dann die Hinterräder quasi unterm Hintern überholt haben. Außer jeder Menge Blechschaden ist dabei allerdings nichts passiert.

Meinen Sohn habe ich bereits an den Dragster Rennsport herangeführt. Schon mit einem Jahr saß er in einem batteriebetriebenen Baby Dragster, den meine Mechaniker eigens für ihn gebaut hatten. Es machte ihm auch großen Spaß, während der Veranstaltungen dem Papa im Rennbüro zu helfen. Bei den Rennen war er oft direkt am Start in der Sprecherkabine. Heute spielt er aber lieber Fußball. Vielleicht wird der für ihn reservierte Sitz im Cockpit des Victor Top Fuel Dragster erst in der nächsten Generation besetzt werden.

WILDENTE

Baujahr:	1982
Leistung:	650 PS
Hubraum:	5.100 ccm
Motor:	V8

MERCEDES „FUNNY CAR“

Baujahr:	1991
Leistung:	2.000 PS
Hubraum:	8.500 ccm
Motor:	V8

DRAGSTER
„FRONT ENGINE“

Baujahr:	–
Leistung:	870 PS
Hubraum:	7.400 ccm
Motor:	V8

DRAGSTER MINI COOPER

Baujahr:	–
Leistung:	136 PS
Hubraum:	1.400 ccm
Motor:	4 Zylinder

OPEL GT HIRIDER
„WHEELIE CAR"

Baujahr:	1984
Leistung:	450 PS
Hubraum:	7.500 ccm
Motor:	V8

Indian
SCOUT

AMERICAN DREAM CARS

Technik
Museen Sinsheim Speyer

Motor
buch
Verlag

Hermann Layher

Liebe Fans der American Dream Cars

Einen großvolumigen Ami-V8 befreit atmen zu hören, macht immer wieder Freude. Es ist schön, ihn in seiner wildesten Form zu genießen.

Seit vielen Jahren veranstalten wir das US-Car Treffen im *Technik Museum Sinsheim*. Viele Jahre mit mir als aktiven Veranstalter, liegt die Organisation heute in jüngeren Händen. Nach einigen ruhigen Jahren ist das Treffen wieder am Boomen.

Die Szene hat sich in den letzten Jahren etwas verändert. Waren es früher vor allem in Deutschland stationierte US-Boys, mit ihren großen Autos und ihren schönen Corvettes, so findet heute die Hot Rod Szene immer mehr Anklang. Thema und Problem der Hot Rodder waren immer die deutschen Gesetze und der TÜV. Dies hat sich etwas verbessert. Vonseiten der Behörden ist man hier etwas freizügiger geworden, was diese Szene sofort befeuert hat.

In den letzten Jahren liegt mein Hauptfokus auf amerikanischen Motorrädern, die mich ebenfalls schon ein ganzes Leben lang begleiten. Auf dem Bild sieht man ein außergewöhnliches Ausstellungsstück, meine Indian Eight Valve Board Track Rennmaschine. Ich bin leider mit der Maschine noch keinen Meter gefahren. Sie hat kein Getriebe und keine Bremsen, es ist schlicht und ergreifend lebensgefährlich. Aber es ist unglaublich, wie die Maschine läuft.

Vor 25 Jahren wurde unsere *American Dream Cars* Ausstellung gegründet, nun stand die Neuausrichtung an: Hatten wir am Anfang der Ausstellung viele große US-Straßenkreuzer, so wandelt sich auch dies jetzt in Richtung Hot Rod und sportliche Amis. Mir persönlich gefällt die neue Ausstellung sehr gut und auch die Besucher sind begeistert.

Das Museum ist ein Verein, dem ich als Präsident vorstehe. Wir haben im Verein viele US-Car Fans, die die Szene tragen, aber auch viele internationale Leihgeber, die unsere Ausstellung mit ihren Fahrzeugen bereichern. Es freut mich, dass Sie dieses Buch nun in den Händen halten, zeigt es die modernisierte Ausstellung mitsamt den persönlichen Hintergrundgeschichten einiger unserer Mitglieder und Fans.

Die außergewöhnliche Fotografie von Sebastian Schnepper macht dieses Buch zu einem einzigartigen Erlebnis. Diese Art der Fotografie und die Gestaltung der Hintergrundgeschichten sind ein neuer Meilenstein in unseren Museumsveröffentlichungen, welche im Laufe der Zeit auf das ganze Museum übertragen werden.

Ich wünsche Ihnen nun viel Freude bei der Lektüre und freue mich, Ihnen unsere Ausstellung und die Geschichten unserer Leihgeber und Mitglieder vorzustellen.

Hermann Layher
Dipl.-Ing. (FH)
Museumspräsident

Sönke Priebe

Autos motivieren Menschen

Ich war 17 Jahre alt, als ich in einem Buch ein Bild von einem Auto gesehen habe. Nichts Besonderes, nichts Unerreichbares, nur ein schwarz-weißer Streifenwagen der California Highway Patrol am Straßenrand. Die Folgen dieser zufälligen Begegnung würden Bücher füllen, wenn ich die Zeit finden könnte, sie niederzuschreiben. Ich kann Ihnen nicht sagen warum, aber das Bild von dem uniformierten Chevrolet ist zum Leitmotiv meines Lebens geworden, zur Grundlage für die Entscheidung, ein paar Jahre später meine seriöse und unter Anstrengungen erworbene berufliche Qualifikation – mitsamt der damit theoretischen verbundenen Karriere – an den Nagel zu hängen und fortan mit, durch und für Autos zu leben. Ich bin vom technisch desinteressierten Menschen zum Hardcore-Automechaniker geworden, ich besitze mehr alte amerikanische Autos als manche Firmenflotte, ich verdiene meinen Lebensunterhalt (und den einer Reihe von Angestellten) durch solche Fahrzeuge, ich schreibe über diese Autos und manchmal komme ich sogar dazu, damit zu fahren.

Nur fragen Sie mich bitte nicht warum, denn eine ordentliche Erklärung kann ich Ihnen nicht liefern. Manchmal hat man wahrscheinlich keine Wahl. Dieses Foto oder vielmehr das Auto auf diesem Foto ist – so sehr mich das auch heute noch selbst verwundert – eine der größten, vielleicht die größte Motivation in meinem Leben gewesen. Was auch immer dahinter steht: der Wind in den Haaren, der Klang in den Ohren, der Geruch von Öl oder Benzin oder verbranntem Gummi. Autos motivieren Menschen und dieses Schicksal teile ich mit vielen anderen. Das haben sie immer schon getan, von den Wüstendurchquerern der vorletzten Jahrhundertwende bis hin zu den Elektro-Visionären des aktuellen Jahrtausends.

Autofans gibt es in vielen Ausprägungen und eine davon beschäftigt sich mit „Amerikanern", weit weg von Amerika, weit weg von Zuhause. Blättern Sie durch dieses Buch (oder nehmen Sie sich die Zeit für einen Rundgang durch das Museum) und Sie werden erstaunlichen und unglaublichen Automobilen begegnen. Vielleicht können Sie auf diesen Seiten einen kleinen Einblick in die großen, persönlichen Geschichten hinter diesen Automobilen erlangen, denn fast alle diese Autos gehören Menschen, deren Geschichte nicht ohne diese Autos erzählt werden kann – und umgekehrt. In diesem Buch werden Sie etliche davon treffen. Jeder hat seine eigene Geschichte – aber alle, da bin ich mir sicher, teilen sich einen Umstand: Ihre Autos sind Leitbild, Motivation, Ziel, Traum oder alles auf einmal. Jeder Einzelne davon kann erzählen, welche Fähigkeiten er durch oder für diese Autos erlangt hat, was er für sie aufgegeben hat und vielleicht weiß er sogar warum. Vielleicht auch nicht. Träume sind schließlich nicht immer einfach zu erklären und vielleicht ist es deshalb so wichtig, diese Träume zu teilen.

Es sind fast 25 Jahre vergangen, 25 Jahre in denen ich mehr Automobilerfahrung (und mehr Automobile) gesammelt habe, als es den meisten Menschen im Leben beschert ist. 25 Jahre, in denen ich viele, viele Streifenwagen, ähnlich wie den auf meinem Foto, besessen und größtenteils behalten habe. 25 Jahre, bevor mein Freund Christopher in mein Büro spazierte und sagte: „Das solltest Du Dir ansehen".

Wenn Sie irgendetwas im Leben wirklich wollen, dann wird dieses Etwas Sie wahrscheinlich finden, oder Sie finden Christopher und der wiederum kennt die Geschichte von „Ihrem" Auto, zeigt Ihnen eine Kleinanzeige in Los Angeles und in der wiederum finden Sie nach 25 Jahren Ihr Auto von jenem Bild aus einem Buch, dass Sie mit 17 Jahren angeschaut haben ... denn Autos haben Kennzeichen und die sind unverwechselbar.

Traumautos? Sie wären überrascht, wie viel Kraft einem Träume bescheren können. Vielleicht beschert auch Ihnen dieses Buch oder ein Foto darin so manche Träume, von denen Sie noch nicht wussten, dass sie existieren.

Sönke Priebe

Sönke ist gelernter Jurist und Sprengstofftechniker und betreibt mit seinen Angestellten eine Oldtimerwerkstatt in Weinstadt, mit ca. 500 Aufträgen im Jahr. Spezialisiert haben sie sich auf amerikanische Autos aus den 1950 – 1975ern. Das Schrauben hat er aus einer Not heraus gelernt. Seinen ersten Chevy konnte die Werkstatt nicht reparieren. Er brachte sich das Wissen mit einem Werkshandbuch aus den USA und einem Werkzeugkoffer selbst bei. Es folgten weitere Werkshandbücher, bis das Verständnis für Autos irgendwann da war. Heute gilt Sönke in der Szene als der US-Car Experte. Er besitzt die weltweit größte und einzige vollständige Sammlung der Chevrolet Caprice 9c1 von 1991 – 1996. Die meisten verfolgte er (oder sie ihn) über Jahre hinweg, bis sie schließlich ihren Weg zu ihm fanden. So kam er zu jedem einzelnen Caprice der Baureihe, auch solchen, die kein anderer mehr hat: z. B. ein seltenes MSP (Michigan State Police) Auto – das damals einzige bekannte in ziviler Hand.

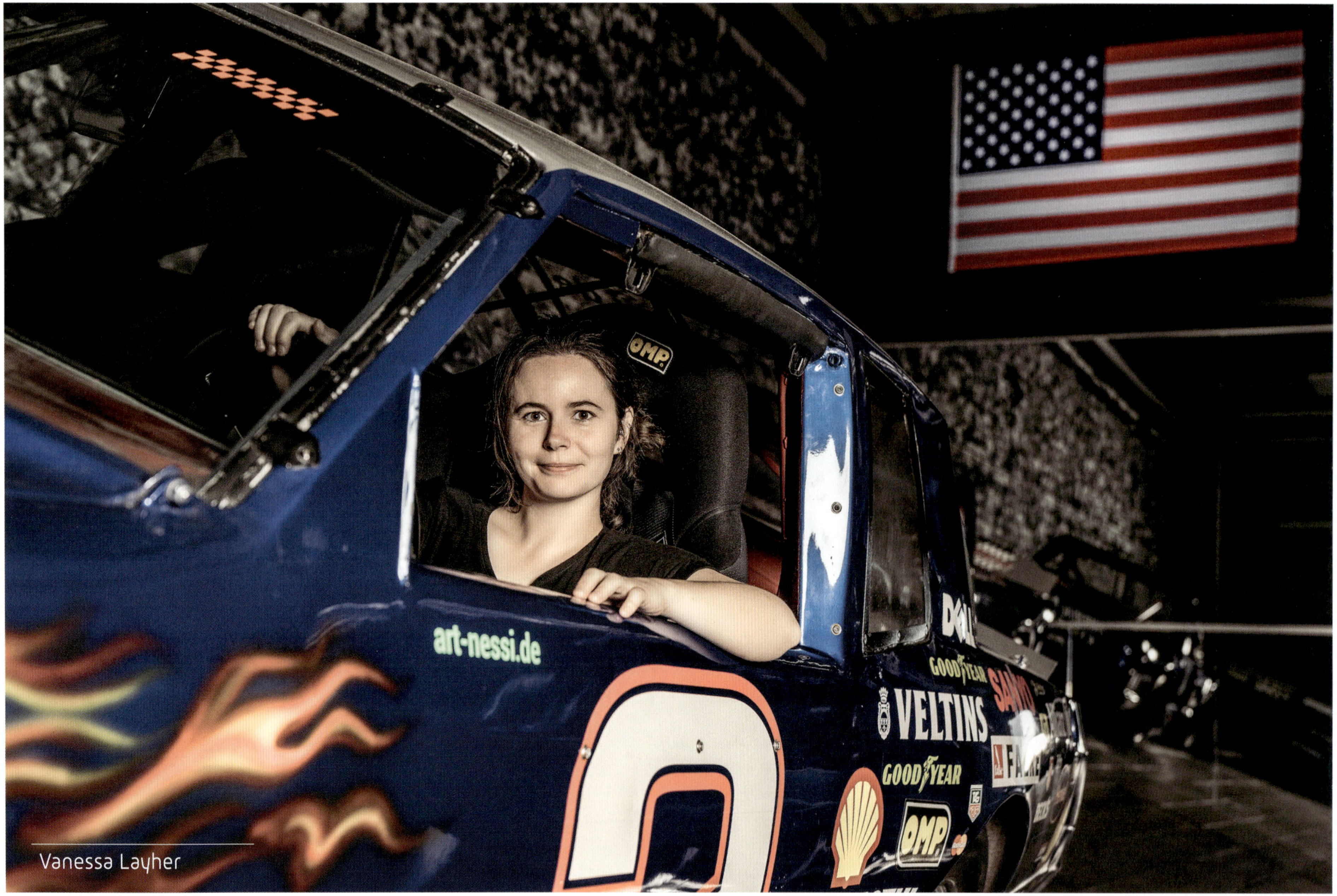

Vanessa Layher

#fürfansvonfans

Der vertraute Geruch von Öl und Benzin umhüllt die neu gestaltete Ausstellungsfläche der *American Dream Cars* Ausstellung im *Technik Museum Sinsheim*. Gleich im Eingangsbereich werden die wohl schnellsten und brutalsten Maschinen präsentiert: zwei Dragster, bereit zu starten, gegenüber ein wilder Pick-up mit Hot Rod auf einem robusten Anhänger. In der Ausstellung zeigt sich die Vielfalt: Wunderschöne Schlitten aus den 50ern, Hot Rods, Muscles Cars, moderne Autos, ein Dirt Track Race sowie eine Rennstrecke, welche von *NASCAR* und *Stockcar* besiedelt wurde. Eines haben alle in ihrer Unterschiedlichkeit gemeinsam: Sie zeigen den American Lifestyle, den Spirit, den die Autos mit sich bringen und repräsentieren die verschiedenen Jahrgänge und Typen der Szene.

Wir konnten für diese modernisierte Ausstellung viele neue und spannende Fahrzeuge gewinnen, jedes in sich einzigartig und lebendig. Hinter jedem der Fahrzeuge stehen fantastische Menschen und Liebhaber der Szene. Jeder Leihgeber hat eine Geschichte zu seinem Fahrzeug - und uns, dem Museum, wurden viele Geschichten erzählt. Das hat uns bewegt, dieses Buchprojekt ins Leben zu rufen. Wir möchten, dass auch Besucher, Fans und Freunde der Szene diese Geschichten erleben können.

Ich freue mich sehr, das fertige Buch vorstellen zu dürfen. Und so viel sei verraten: Das Buch wird weiterleben, genau wie die Ausstellung. Es kommen ständig neue Leihgeber und Fans hinzu und somit neue Geschichten, die in der nächsten Auflage erzählt werden. Die *Technik Museen Sinsheim Speyer* sind ein Verein für Fans von Fans. Nur durch die zahlreichen Liebhaber der vielen unterschiedlichen Szenen lebt und pulsiert das Museum. Wir sind immer auf der Suche nach außergewöhnlichen oder auch ganz typischen Fahrzeugen. Wenn auch Sie ein Muscle Car, Vorkriegsamerikaner, 50er Jahre Schlitten oder sonst einen Vorzeigeamerikaner besitzen, würden wir uns freuen, Ihre Geschichte erzählen zu dürfen!

#fürfansvonfans

Vanessa Layher
sehr großer Fan

SKOTY CHOPS
23
KUSTOMS
1·(650) 921·RODS

CHEVROLET TRUCK

Baujahr:	1946
Leistung:	300 PS
Hubraum:	5.700 ccm
Motor:	V8

oldschool
hooligans
Max
&
Moritz
MSD

TOP FUEL DRAGSTER „DAKOTA“

Baujahr:	1998
Leistung:	5.500 PS
Hubraum:	8.200 ccm
Motor:	V8

Henny Kroeze

ICH BIN HÄUFIGER IM KRANKENHAUS ALS NEBEN MEINER FRAU AUFGEWACHT

Henny Kroeze ist 18 Jahre lang professionell Speedway-Rennen gefahren. Aufgrund der vielen Verletzungen hat er diese Leidenschaft gegen die nicht weniger gefährliche, tollkühne Motorradakrobatik in der Steilwand eingetauscht. Die Wand, die niemals aufhört, hatte jetzt doch ein Ende für Henny. 2018 ist er zum letzten Mal beim Motorradwochenende des Technik Museum Sinsheim mit seiner Steilwandshow aufgetreten. Jetzt ist Henny im Ruhestand. Die Wall of Death ist gnadenlos ehrlich und authentisch, es ist keine Kirmesattraktion, wie Henny betont.

Ich bin Motorradfahrer, war früher Rennfahrer und bin Speedway-Rennen gefahren. Ich liebe alte Motorräder, besonders die Indians. Steilwandfahren und Indian-Motorräder gehören einfach zusammen. Schon bei den frühesten Shows ist man auf Indians gefahren, da diese kaum Öl verlieren und einen besonders starken Rahmen haben. Eine historische Steilwandshow ohne Indians ist keine historische Steilwandshow. Das Steilwandfahren ist ein Teil der Motorradgeschichte und die möchte ich bewahren. Seit 2001 war ich mit meiner Steilwandshow beim Motorradwochenende des *Technik Museum Sinsheim* dabei. Hermann Layher hat damals zusammen mit Udo Dobrzanski nach einer solchen Show als besondere Attraktion gesucht. Udo hat ihm gesagt: „Dann musst du den Henny nehmen. Der zelebriert Steilwandfahren so, wie Du es Dir vorstellst – weniger Kirmes, mehr Akrobatik". Die Vorführung, die er sich dann angeschaut hat, hat ihm so gut gefallen, dass wir dann bis 2018 beim Treffen dabei waren.

Zum Steilwandfahren bin ich gekommen, da mein Körper von den vielen Stürzen und den Knochenbrüchen beim Speedwayfahren nicht mehr mitgemacht hat. Erst bin ich wieder zur Schule gegangen, habe eine Ausbildung zum Maschinenschlosser gemacht und dann drei Jahre in einer Fabrik gearbeitet. Dort war ich aber total unglücklich. Den Job habe ich wieder an den Nagel gehängt und mit meiner Frau und einem Freund eine Motorradshow organisiert, mit der wir auf Tour gegangen sind. Dort war auch eine Steilwand dabei und da war mir klar:

**DAS IST GENAU DAS RICHTIGE FÜR MICH,
DAS WILL ICH AUCH MACHEN.**

2009 hat es mich auf der Steilwand übel erwischt. Der Gaszug hat blockiert und auf einmal ging es nur noch Vollgas. Ich habe versucht zu bremsen, aber dann hat das Hinterrad blockiert und als ich den Fuß von der Bremse nahm, schoss ich mit meiner Maschine ganz nach oben. Das Tempo war auf einmal so hoch, dass ich die Beine wegen der G-Kräfte nicht mehr von den Fußbrettern hochbekam und deshalb nicht mehr bremsen konnte. Ich wurde immer schneller. Da die Beine beim Steilwandfahren weiter außen liegen als der Kopf, ziehen einem die G-Kräfte, wenn man zu schnell fährt, das Blut aus dem Gehirn und man wird bewusstlos. Bei 50 km/h wirken bereits Fliehkräfte von 3 bis 4 G. Zum Glück ist es mir gelungen, so kontrolliert wie möglich zu stürzen. Da kam mir meine Erfahrung als Speedway-Fahrer zugute, denn wenn man als Speedway-Fahrer überleben will, dann muss man das lernen.

BEI MIR GAB ES ZEITEN, DA BIN ICH HÄUFIGER IM KRANKENHAUS ALS NEBEN MEINER FRAU AUFGEWACHT.

Ich habe die Maschine also ganz nach oben gezogen, fast bis zum Seil und dann auf die Seite gelegt. Bei diesem Sturz habe ich mich zwar schlimm am Arm verletzt und hatte zwei Platzwunden am Kopf, aber es ist noch ganz glimpflich ausgegangen. Einen Monat später konnte ich wieder fahren. Fünf Meter ist der historische Holzkessel aus dem Jahr 1940 hoch. Schutzausrüstungen sind bis heute verpönt, deswegen tragen wir nichts. Keine Protektoren, Lederkombis oder Helme.

Steilwandfahrer müssen mutig sein, aber nicht übermütig. Man trägt ja nicht nur für sich die Verantwortung, sondern auch für seine Kollegen. Bei einem Sturz kann man also sich und auch die anderen verletzen und sogar töten. Es gibt genug Leute, die sich für das Steilwandfahren interessieren, aber für eine eigene Show muss man eben auch die Engagements bekommen und der Auf- und Abbau, inklusive Organisation, ist Knochenarbeit. Wieviele junge Fahrer in Zukunft bereit sind, diese Mühen auf sich zu nehmen, muss man schauen.

INDIAN TWIN FREE ENGINE

Baujahr:	1912
Leistung:	7 PS
Hubraum:	750 ccm
Motor:	2 Zylinder

INDIAN SCOUT 37

Baujahr:	1928
Leistung:	18 PS
Hubraum:	600 ccm
Motor:	2 Zylinder

INDIAN CHIEF

Baujahr:	1948
Leistung:	40 PS
Hubraum:	1.200 ccm
Motor:	2 Zylinder

HARLEY DAVIDSON TYP J

Baujahr:	1929
Leistung:	23 PS
Hubraum:	1.000 ccm
Motor:	2 Zylinder

MOTORCYCLE RACES
1995 SCOTTISH
INTERNATIONAL
INDIAN RALLY
RIDE SAFER THIS YEAR ON
Firestone
MOTORCYCLE TIRES
In vier der fünf Klassen kämpfte DKW um die höchsten Ehren im deutschen Motorrad-Rennsport und wurde in allen vier Klassen
DEUTSCHER MEISTER 1936
DKW
Enjoy Coca-Cola
Coca-Cola
BOARDTRACK
2015
HANNOVER
RADRENNBAHN
BIELEFELD
Coca-Cola
REPLAY
Have a Coke
Lee

...Heart of the 61" and 74" O.H.V. Models — World's Most Popular Motorcycles
HARLEY-DAVIDSON MOTOR CO., MILWAUKEE, WIS., U.S.A.
Indian
7

Udo Dobrzanski

Udo Dobrzanski

DAS GEFÜHL, WENN DAS MOTORRAD ZUM ERSTEN MAL LÄUFT – DAS IST DAS, WAS ICH SUCHE

Udo ist Porscheliebhaber. Neben seinen drei Porsches besitzt er unzählige Harley Davidson und Indian Motorräder. Er hat sich das Schrauben selbst beigebracht und restauriert seine Motorräder in der eigenen Werkstatt. Mit seinen Indians fährt er leidenschaftlich gerne Board Track Rennen. Ebenso muss er mindestens zwei große Touren im Jahr mit seinen Motorrädern unternehmen, zum Beispiel durch Frankreich, Schottland oder gerne auch mal nach Ibiza. Zusammen mit Hermann Layher hat er das Motorradwochenende im Technik Museum Sinsheim zurück ins Leben gerufen, nachdem der damalige Veranstalter verstarb. Er ist eng mit der Museumsfamilie befreundet.

Meinen ersten Porsche, einen alten grünen 356er mit knallrotem Leder, habe ich mit 19 Jahren gekauft. Den musste ich Jahre später leider weiterverkaufen. Da mich die Leidenschaft für Porsche nie verlassen hat, habe ich mittlerweile drei Porsches. Einen von 1970, einen von 1980 und einen 356er Coupé – ohne Porsche kann ich nicht leben. Aber auch nicht ohne amerikanische Motorräder. In den 80ern habe ich mir meine erste Harley gekauft. Der Sound des Zweizylinders, der juckte mich schon. Als erstes hörst du den Sound, der dich aufmerksam macht und das Interesse weckt und dann beschäftigt man sich damit.

AM ENDE HÄNGST DU WIE DER FISCH AN DER ANGEL UND KOMMST NICHT MEHR LOS.

In meiner Werkstatt habe ich dann selbst etwas an der Harley geschraubt. Wenn man das Prinzip einmal kapiert hat, dann ist es eigentlich gar nicht so schwer zu verstehen, wie Motorräder funktionieren. Mich faszinierte das immer, das Mechanische, das Logische. Ich habe mir das alles selbst beigebracht. Eigentlich bin ich ja Kaufmann, aber Faszination kann auch Berge versetzen.

Bald fühlte sich die Harley in der Werkstatt aber ziemlich alleine und ich dachte: So eine alte Indian, das wäre was. Ich beauftragte einen Freund, der immer durch Südamerika fuhr, dort mal zu schauen und mir dann Bescheid zu geben. Eines Tages bekam ich Post: Er hätte auf seiner Reise bei einem Frisör gehört, dass bei dem und dem eine alte Indian stehen würde. Er schickte mir auch Bilder davon. Ich wusste, genau die musste ich haben. Er war jedoch nur mit einem alten Reisebus unterwegs. Die alte Indian hat er dann einfach hinten auf dem Bus festgebunden. Ein paar Monate später hat sie dann den Weg zu mir gefunden.

Sie war von 1927 und hatte schon einiges erlebt, aber alles war original, es fehlten keine Teile. Sie war nur verbeult und ziemlich röddelich. Ich habe sie dann restauriert und wieder schön hergerichtet. Da war meine Harley nicht mehr ganz alleine.

Und so wuchs nach und nach der Wunsch nach mehr Motorrädern. Da mein Freund wieder mal in Südamerika unterwegs war, brachte er mir diesmal eine Indian Chief mit. Sie hatte nur 16.000 km auf dem Tacho. Das konnte eigentlich gar nicht sein, aber sie lief nicht so richtig. Gebrauchsspuren hatte sie kaum.

Der Fehler lag dann letztendlich in der Ölpumpe. Die Dichtung war mit einem Geldschein repariert worden, aber es wurde vergessen die Löcher reinzustanzen, wo die Ölführung von der Ölpumpe in den Motor rein geht. Da hing der Kolben dann irgendwann beim Fahren fest und man hat die Chief in eine Ecke gestellt. Ich habe alles repariert und fahre sie heute noch. Es stellte sich heraus, dass es ein Sondermodell war: eine 1948er Bonneville, mit einem Seitenventilen-Motor. Den hat man bis 1953 gebaut, bis Indian pleite ging.

Jetzt besitze ich einige Motorräder. Es ist gar nicht mal so einfach, besondere Modelle zu finden. Meist geht das über Kontakte. Bei einem Freund in Berlin, der quasi der Urvater der Indiangeschichte in Deutschland ist, fand ich mal ein Fax auf dem Tisch. Darauf war eine Indian abgebildet, von der er wusste, dass sie irgendwo in Tschechien steht. Diese Indian hat mich nicht mehr losgelassen.

Es hat 15 Jahre gedauert, bis wir uns gefunden haben. Ich hatte erfahren, dass jemand am Tegernsee eine tschechische Maschine gekauft hat. Ein Eigenbrötler, mit dem man schwer Kontakt aufnehmen konnte. Da ich einen Indian-Beiwagen in der Nähe von Passau holen musste, dachte ich mir, ich ruf den Herrn einfach mal an. Ich stellte mich vor, erzählte ihm von meiner Liebe zu alten Indians und er lud mich tatsächlich zu sich ein. Nachdem wir zusammen essen waren und wir uns sehr gut verstanden, fuhren wir zu ihm nach Hause und er zeigte mir unter einer alten Pferdedecke eine Rennmaschine – genau die, die ich auf dem Fax gesehen hatte. Der Zustand war katastrophal, aber ich erkannte, dass es etwas ganz Besonderes war – eine von zwei, speziell für Tschechien gebaute, Rennmaschinen. Meine Begeisterung hielt ich zurück,

ABER MIR WAR WIEDER KLAR: DIE MUSST DU HABEN.

Wochen später rief ich ihn an und bat ihn, mir die Maschine zu verkaufen. Er sagte, es gäbe schon ein paar Interessenten, aber diese würden ihm nicht so gut gefallen, ich solle doch nochmal runterkommen. Das habe ich gemacht und wir haben uns geeinigt. Am Ende habe ich sie also bekommen und sie restauriert. Ich habe auch alte Rennmaschinen aus den 20er Jahren, mit denen ich Rennen auf Zementbahnen fahre. Wir versuchen heute noch den alten Rennsport, auf den circa 400 m langen ovalen Bahnen mit erhöhten Kurven, zu praktizieren. Wir treffen uns mit den alten Maschinen aus den 20er und 30er Jahren und fahren *Board Track Rennen* – das ist Adrenalin pur. Sowas brauche ich.

EINE RALLYE IST AUCH SCHÖN, ABER ES KRIBBELT EINFACH NICHT – ES IST NICHT SO GEFÄHRLICH.

Einmal bin ich mit meiner tollsten Maschine, einer Harley Werksrennmaschine von 1923, ein Rennen gefahren. Da war ich gerade ziemlich alleine auf der Rennstrecke und dachte mir: Jetzt gibst du nochmal richtig Gas. Auf einmal spürte ich ein Klopfen auf meiner Schulter. Ich schaute nach rechts, keiner da, ich schaute nach links, keiner da. Dann schaute ich in den Innenbereich der Rennbahn und alle standen da und winkten! Irgendwann merkte ich, dass mir die Kette abgesprungen war und dass das den Schlag auf meine Schulter gegeben hat. Ich hatte einen richtigen Striemen auf dem Rücken. Gott sei Dank hat sie nicht blockiert, sondern ist weggeflogen. Sonst ist mir nie was passiert, auch nicht auf Touren. Gut, ich bin mal ins Kornfeld gefahren oder über den Straßengraben gesprungen, weil ich ausweichen musste, aber das sind keine richtigen Unfälle. So Sachen passieren halt. Aber so habe ich zu jedem Motorrad eine Geschichte.

Mindestens zwei Mal im Jahr fahre ich mit einer meiner alten Indians tausende Kilometer durch die Gegend. Meine schönste Tour war 1995 in Schottland. Da war ich mit meiner Frau auf einem Indian Treffen. Wir kamen in Schottland an und hatten die ganze Woche so schönes Wetter, dass wir ohne Lederjacke fahren konnten. Ein Indianhändler hat danach eine Highland Tour organisiert. Das war einmalig und wunderschön – mit die schönste Tour, die ich je gefahren bin. Dort habe ich auch Hermann Layher richtig kennengelernt. Am nördlichsten Punkt von Schottland wollten wir am Strand noch den Sonnenuntergang anschauen. Da wir nicht im Sand sitzen wollten, haben wir kurzerhand eine Ledercouch aus dem Hotel an den Strand getragen, sie zwischen unsere Indians gestellt und dort die eine oder andere Flasche Wein zusammen getrunken.

Wenn ich mit meinen alten Indians meine Touren fahre, dann ist der Weg das Ziel. Die Geschichten, die man am Rand erlebt, das ist es worum es geht.

SO ALTE MASCHINEN, DIE ERDEN EINEN SO, MAN SPÜRT DIE LUFT, LERNT LAND UND LEUTE KENNEN, DA KOMMT MAN AUF DIE BASIS ZURÜCK.

Ich habe so viele Indians und Harleys gehabt. Vierzylinder, alte Maschinen von 1911, ich habe keine ausgelassen. Nach einer gewissen Zeit denke ich mir immer, da muss es doch auch was Neues geben, auch wenn meine Motorräder nicht langweilig werden. Dann fand ich eine Harley Davidson Silent Grey Fellow von circa 1910. Ich war auf der *Veterama* in Mannheim und sah aus dem Augenwinkel eine alte Harley, die aussah wie ein Fahrrad mit Lederriemen. Den Standort speicherte ich schnell im Hinterkopf ab und ging zu Hermann Layher, der auch auf der *Veterama* war. Ich erzählte ihm von dem seltenen Motorrad und wir machten uns schnell auf den Weg sie nochmal zusammen anzuschauen. Was wir fanden, war eine Excelsior, gleiche Farbe, mit Lederriemen. Da ich schon zwei, drei Bier getrunken hatte, dachte ich, ich hätte mich geirrt, zumindest hatten wir die Harley in den unzähligen Gängen der Messe nicht mehr gefunden.

Zwei Tage später war ich wieder in Mannheim. Ich lief dort etwas rum und auf einmal stand die Harley wieder da! Ich machte sofort einige Fotos und schickte sie Hermann, der zu Hause saß. Er schrieb mir sofort zurück: „Spring ran, die müssen wir haben!" Um das Motorrad und den Verkäufer standen einige Interessenten, die vor allem auf der Suche nach Mängeln waren, um den Preis zu drücken. Ich ging zu dem Verkäufer hin und gab ihm etwas mehr Geld als er wollte. Danach schrieb ich einen Zettel auf dem stand: „Sorry, Udo war hier!" und hängte ihn an das Motorrad.

In den Monaten danach habe ich die Harley fahrbereit gemacht. Heikel war das atmosphärische Ventil, bei dem man sehr präzise sein muss, aber ich habe es hinbekommen. Als ich dann den Lack mit einem bestimmten Öl bearbeitet habe, welches die Farben besser zur Geltung bringt, ist mir eines aufgefallen. Die Farben blau und rot kamen etwas mehr raus. Es stellte sich heraus, dass es sich um eines der Fahrzeuge der ersten Motorradstaffeln der Polizei Pittsburgh handelte. Der Vorbesitzer hatte mir erzählt, dass er das Motorrad von einem Autosammler aus Pittsburgh gekauft hat.

Meine Fahrzeuge zu besitzen bedeutet mir eigentlich nicht viel. Es ist schön, sie zu haben, aber mir würde auch eine Maschine reichen. Das Wichtige dahinter sind die Geschichten, die kann mir keiner nehmen.

Die Herausforderung alte Maschinen aufzuspüren, sie zu restaurieren, sie zum Laufen zu bringen, sie Instand zu setzen – das ist meine größte Leidenschaft dabei. Das Gefühl, wenn das Motorrad zum ersten Mal läuft, das ist das, was ich suche. Und wenn man dann noch schöne Touren mit dem Motorrad erlebt und schöne Erfahrungen damit macht – das Nacherleben ist wichtiger als das Besitzen. Auch bei den Rennen. Das Nacherleben in der steilen Wand, da Rennen zu fahren und mit so einem Ding da durch zu donnern, wie die Leute in den 20er Jahren. Dieser Adrenalinschub ist das, was ich suche.

HARLEY DAVIDSON SILENT GREY FELLOW

Baujahr:	1910
Leistung:	–
Hubraum:	50 ccm
Motor:	1 Zylinder

HARLEY-
INDIANAPOLIS IND U.S.A.
INDIANAPOLIS IND U.S.A.

DAVIDSON
HARLEY-DAVIDSON
MILWAUKEE
MFD. BY
28

HARLEY DAVIDSON

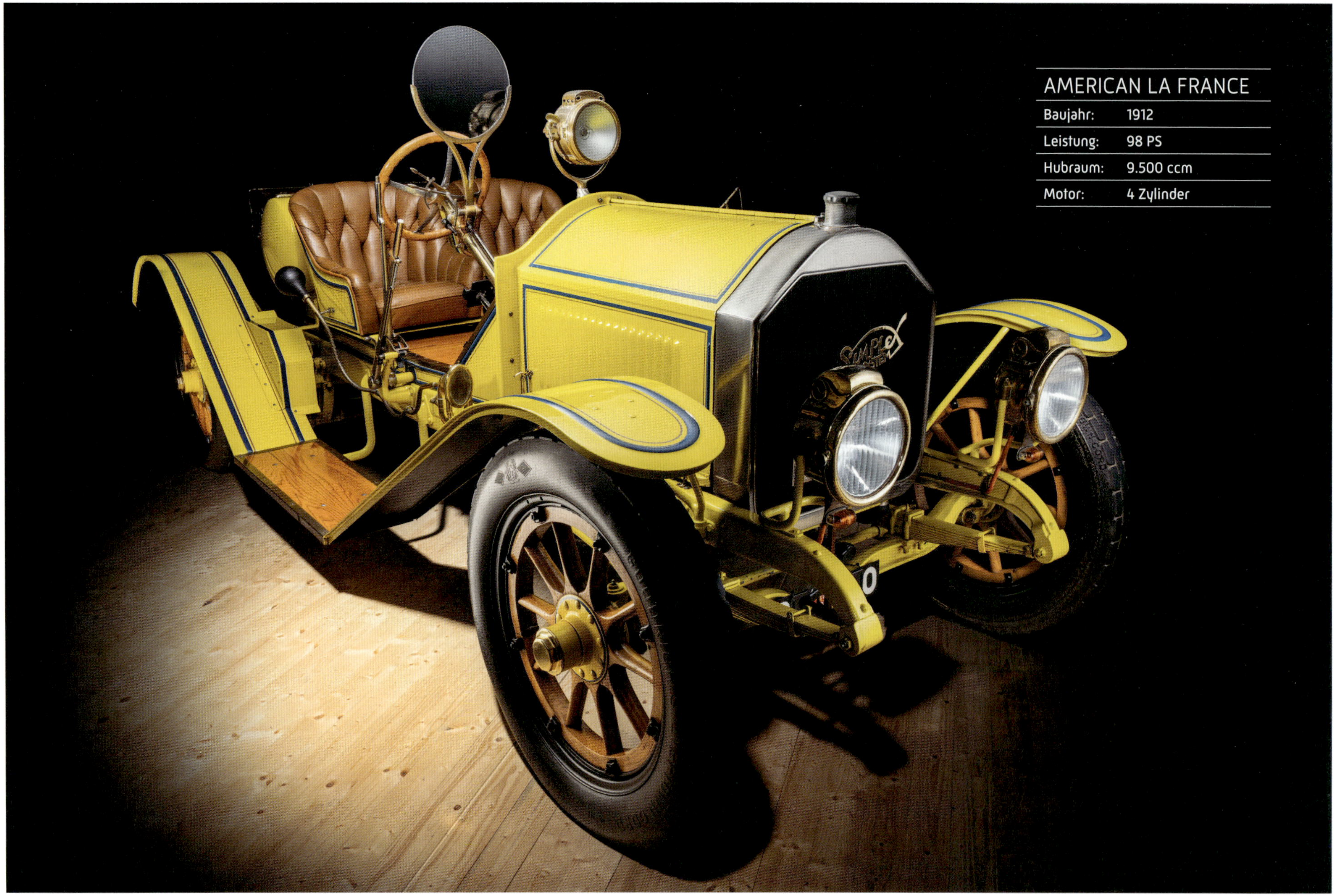

AMERICAN LA FRANCE

Baujahr:	1912
Leistung:	98 PS
Hubraum:	9.500 ccm
Motor:	4 Zylinder

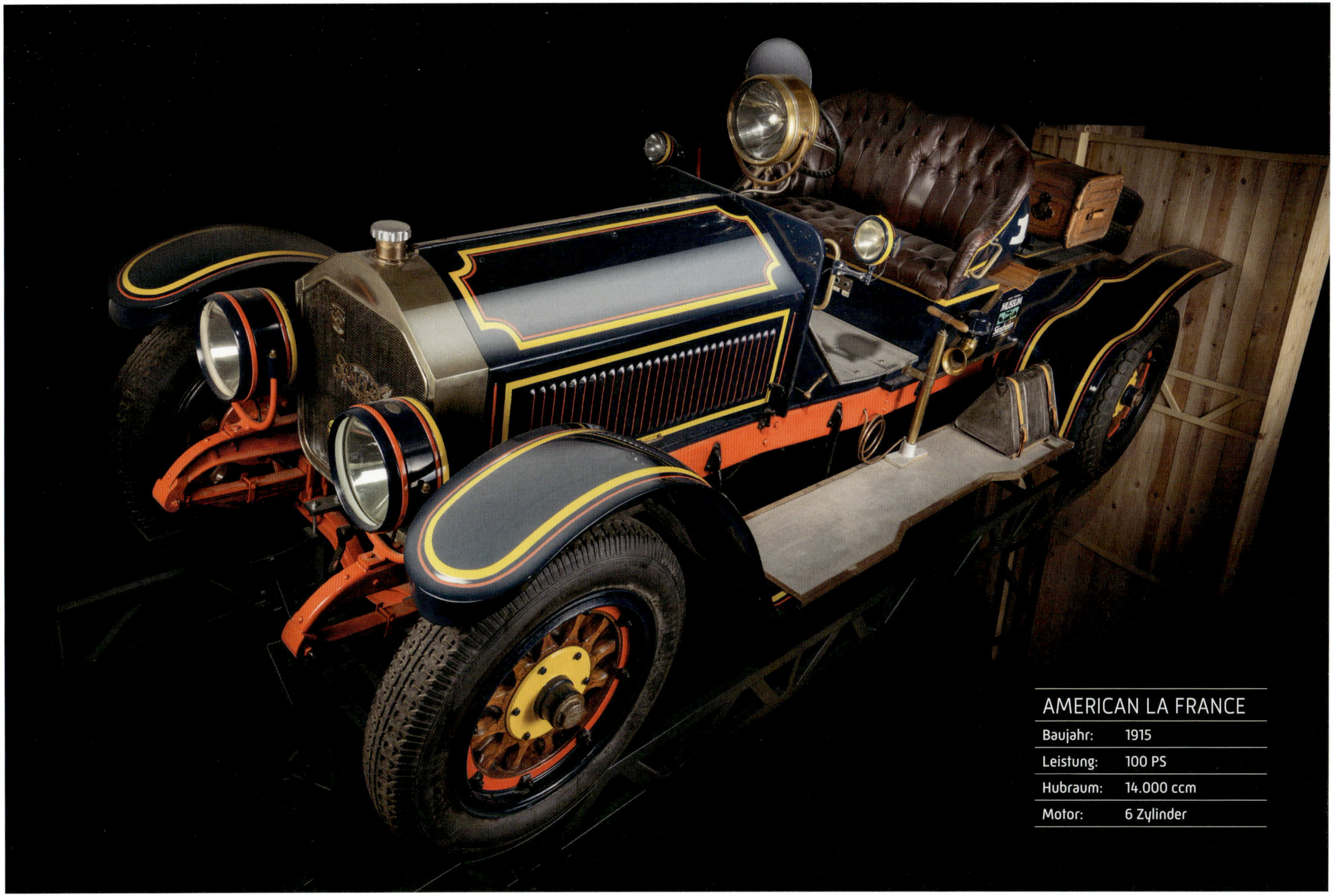

AMERICAN LA FRANCE

Baujahr:	1915
Leistung:	100 PS
Hubraum:	14.000 ccm
Motor:	6 Zylinder

DIRT TRACK FORD COUPÉ

Baujahr:	1946
Leistung:	–
Hubraum:	5.700 ccm
Motor:	V8

CHEVROLET CHEVELLE MALIBU

Baujahr:	1965
Leistung:	375 PS
Hubraum:	6.500 ccm
Motor:	V8

Norbert Gschwandner

Norbert Gschwandner

DU GIBST GAS UND BLEIBST AUF DEM GAS

Norbert lebt und schraubt in der Schweiz. Sein ganzer Stolz ist ein 1930er Ford Sprint Car. Früher wurden diese Autos bei Rennen auf alten Pferderennbahnen oder eigens dafür gebauten Sprint-Rennstrecken gefahren. Stilecht fährt Norbert Dirt Track Rennen aber auch gemütliche Wochenendtouren. An Mofas hat Norbert in seiner Jungend mit dem Schrauben angefangen. Heute findet man in seiner Garage neben seinem Haus weitere US-Cars und Motorräder.

Zu meiner Leidenschaft kam ich 2011 beim Open House von *Custom Parts and Wear* in Mellingen. Dort habe ich zum ersten Mal solch einen Ford gesehen – er hat mich nicht mehr losgelassen. So einen musste ich haben.

Später habe ich das Fahrzeug noch fahren gesehen und den Besitzer kannte ich auch. Vor Ort habe ich mich schlaugemacht, wo ich so ein Modell herbekommen kann. Meinen habe ich dann auf *eBay* gefunden. Die Ford Model A Sprint Cars wurden in Amerika in den 30er Jahren aufgebaut. Es gab sie zu Hunderten, der Markt dafür war vorhanden.

ER WAR DER RENNWAGEN DES KLEINEN MANNES.

Ich selbst fahre auch gerne Rennen – Mann gegen Mann. Zum Beispiel beim *Rømø Motor Festival* in Dänemark, da ist viel Platz am Strand. Bei *Rust'n'Dust Jalopy* nehme ich auch teil – die Grasrennbahn mit Hügeln macht richtig Spaß. Was ich aber reduziert habe, sind die Rennen, bei denen es volles Rohr, vier Runden gegen die Konkurrenten geht, wie zum Beispiel beim *Hindenberg Dirt Track Race*.

DA GEHT ES HEISS HER UND ES IST AUCH NICHT UNGEFÄHRLICH.

Das sind ziemliche Hochrisikorennen! Das Problem sind hier vor allem die offenen Räder. Wenn diese sich während der Fahrt mit denen der anderen Fahrer berühren, hebt der Wagen ab. Ich habe den zweiten Frühling überbrückt und muss ein solches Risiko deshalb nicht mehr eingehen. Der Wagen ist schnell und damit auch siegfähig. Wenn du mal drinsitzt, dann willst du auch gewinnen. Das ist das Problem. Du gibst Gas und du bleibst auf dem Gas. Durch das geringe Gewicht von nicht mal 700 kg ziehe ich mit meinem seitengesteuerten Vierzylinder auch so manchen Gegner mit V8 locker ab! Es gilt das Prinzip:

WER BREMST VERLIERT.

Das Bremsen ist bei dem Wagen so eine Sache: Er hat einen außen liegenden Bremshebel, der mit dem linken Arm betätigt werden muss. Wenn man gleichzeitig noch schaltet, hat man alle Hände voll zu tun! Da der Wagen zunächst nur hinten Bremsen hatte, habe ich vorne noch welche nachgerüstet – das war mir zu gefährlich. Was nicht mehr original ist: Er hat keine Bremsgestänge mehr, sondern hydraulische Bremsen. Aber das ist immer noch zeitgemäß, da es diese Art auch schon seit 1939 gibt.

Der Wagen hat übrigens drei Gänge: mit dem Zweiten fährst du an und dann bist du nur noch im Dritten und gibst Gas. Die Rennen gehen in der Regel über vier Runden. Danach ist man völlig erledigt. Man hat pro Rennen drei Gegner. Das ist sehr wenig, wenn man bedenkt, dass in den 30er Jahren zwanzig oder mehr Autos am Start waren. Die Fahrer konnten vom ganzen Staub so gut wie gar nichts sehen, haben aber trotzdem volles Rohr Gas gegeben.

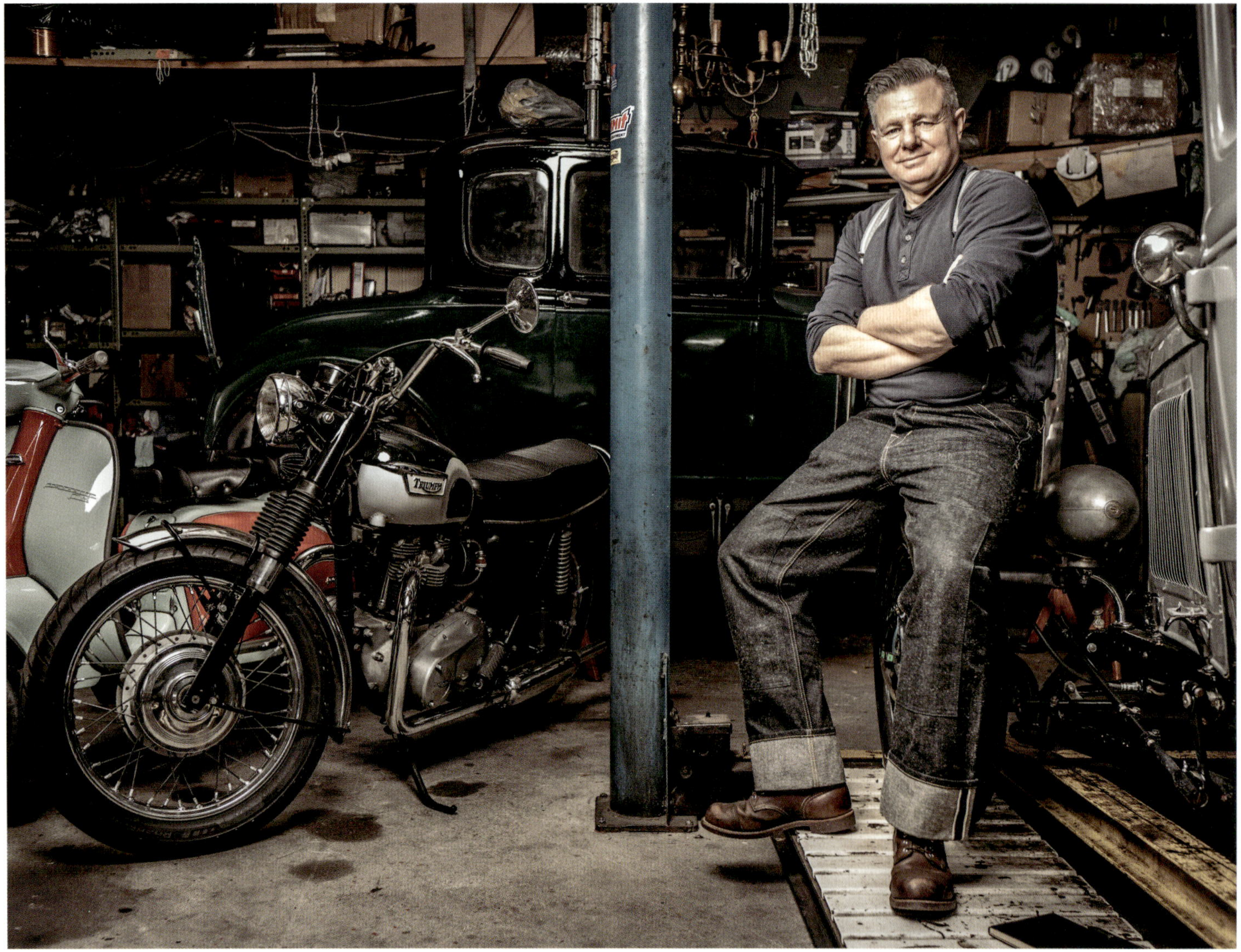

DESWEGEN HAT MAN DIE AUTOS AUCH FAHRENDE SÄRGE GENANNT.

Auf den Rennen bin ich übrigens stilecht mit einer kleinen Renncrew vertreten – meine Frau kommt natürlich mit und zusammen mit ein paar Freunden bilden wir mein kleines Rennteam. Durch das Fahrzeug habe ich eine Menge interessante Leute kennengelernt, auch das *Technik Museum Sinsheim*. Die Leute in der Szene kennen sich untereinander. Wichtig sind mir auch die Leute, die mich mit entsprechenden Ersatzteilen versorgen können. Manchmal dauert das ein paar Telefonate, aber dann habe ich, was ich brauche. Die einen sitzen in Deutschland, die anderen in Österreich. Ersatzteile gibt es für das Fahrzeug übrigens noch genug! Das A-Modell von Ford ist oft genug produziert worden. In meinem Sprint Car zum Beispiel, habe ich einen deutschen Motor eingebaut, der damals in Lizenz von Ford in Köln produziert wurde. Die Deutschen haben den Motor 1942 bis 1958 etwas verfeinert und ihm eine richtige Druckschmierung verpasst. So kann ich ihn höher verdichten und habe eine bessere Kurbelwelle. Der Wagen wurde außer in den USA auch noch in Deutschland und Russland gebaut. Ein russisches Exemplar von GAZ habe ich allerdings noch nie auf der Rennstrecke gesehen.

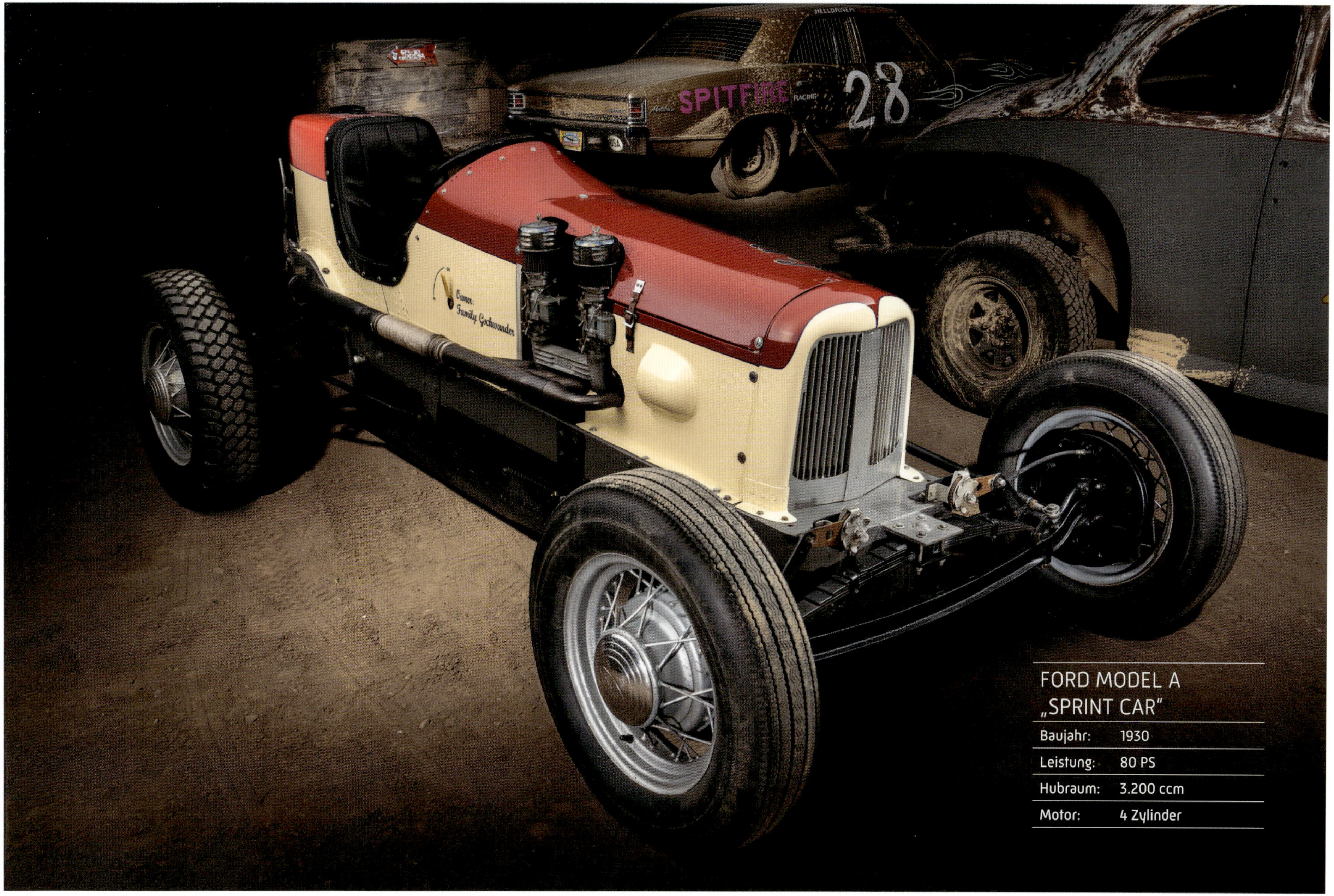

FORD MODEL A „SPRINT CAR"

Baujahr:	1930
Leistung:	80 PS
Hubraum:	3.200 ccm
Motor:	4 Zylinder

HARLEY DAVIDSON XR 750

Baujahr:	1980
Leistung:	100 PS
Hubraum:	750 ccm
Motor:	2 Zylinder

HARLEY
DAVIDSON

DODGE CORONET	
Baujahr:	1950
Leistung:	104 PS
Hubraum:	3.726 ccm
Motor:	6 Zylinder

CHEVROLET JC MASTER

Baujahr:	1939
Leistung:	78 PS
Hubraum:	3.482 ccm
Motor:	6 Zylinder

Michael Becker

Michael Becker

DER V8 IST EIGENTLICH EIN OLLWERER BULLDOG-MOTOR

Mit 18 Jahren fing Michael an, sich für Autos zu interessieren. Damals verbrachte er viel Zeit mit Freunden auf einem Schrottplatz in Wiesloch, der voll mit amerikanischen Autos war. Mit 26 Jahren beendete er seine Kfz-Ausbildung. Seit fast 30 Jahren arbeitet er in diesem Bereich und betreibt heute eine eigene Kfz-Werkstatt. Seine Autos bedeuten ihm sehr viel: seine zwei Corvettes von 1968 und 1991 möchte er nicht mehr hergeben. Eine hat er seit 25 Jahren. Außerdem besitzt er noch zwei Harleys, einen Jeep Willys 66 und einen Chevrolet Blazer. Sein Traumwagen wäre ein Ford GT 40 Replica, den er sich selbst aufbauen würde.

Der Chevy Pick-up, der auf dem Bild zu sehen ist, fährt keinen Meter mehr. Er hat keinen Motor und keine Achsen drin – nichts. Eigentlich lag er komplett in Einzelteile zerlegt oben im Regal drin. Für das Museum haben wir ihn in zwei Tagen in der Werkstatt zusammengenagelt, damit er so aussieht, wie er war, als ich ihn gefunden habe. Mein Bruder und ich waren damals drüben in den USA bei meinem Onkel im Urlaub. Weil uns langweilig war, haben wir etwas rumgeschnüffelt und sind auf einen alten riesigen Schrottplatz gestoßen. Dort haben wir so einiges gefunden. Dann haben wir einen Container vollgestopft, mit allem, was reingegangen ist. Es war zum Beispiel noch ein 29er Ford Model A dabei, den jetzt ein Kumpel von mir fährt, und ein 31er Chevy Tudor Sedan. Bei dem war nur der Rahmen und die Karosserie übrig, den haben wir dann so vertickt. Die Papiere hatten wir, die sind ein Haufen wert, wenn es die originalen sind.

Den Chevy Pick-up würde ich gerne irgendwann fahrbar machen. Ebenso den 32er Ford, den habe ich auch noch irgendwo stehen. Einen originalen 66er Willys Jeep habe ich mir auch gekauft und bei meiner Corvette ist der Motor geplatzt. Ich habe alle Teile bei mir in der Werkstatt, auch vierzig bis fünfzig Motoren. Ich muss nichts kaufen. Ich brauche nur die Zeit, das alles aufzubauen. Die letzten Jahre habe ich so viele Autos repariert, irgendwann setzte mir das zu. Da habe ich angefangen etwas kürzer zu treten, habe meine Arbeit etwas reduziert. Dieses Jahr mache ich noch zwei bis drei Aufträge für meine Stammkunden und danach werde ich meine Autos fertig machen. Das ist meine Therapie! Aber eins nach dem anderen.

Früher war ich auch fast überall dabei. Bei den Treffen der *V8-Freunde Odenheim* zum Beispiel oder beim ACK, dem *Allrad Club Kraichgau*.

ICH HABE NICHTS AUSGELASSEN. DAS WAR EINE COOLE ZEIT!

Einmal bin ich mit einem Freund zusammen mit meinem 68er Chevy Stepside Pick-up nach Mallorca gefahren. Mit dem Monster waren wir das Highlight auf der Insel. Das Auto hatte ein Meter hohe Reifen und die Motorhaube ging mir fast bis zum Kinn. Leider besitze ich den nicht mehr.

Jetzt muss ich aber mal nach mir schauen. Ein Bekannter von mir ist mit 46 Jahren an einem Herzinfarkt gestorben. Er hat sich hingelegt und ist morgens nicht mehr aufgewacht. Was bringt dir das, wenn du einen Haufen Zeit hast im Alter. Ich habe keine Lust, den Löffel abzugeben und nicht mal mit meinen eigenen Autos gefahren zu sein. Ich habe genug gearbeitet, jetzt mache ich nur noch Amerikaner, für die schlägt mein Herz. Gut, ich mach auch ein deutsches Auto, einen BMW von 1964, von dem es nur 400 Stück gab, der gehört meinem Vater. Das ist das ganze Problem – ich kann bei schönen Oldtimern meistens nicht Nein sagen. Wenn sich jemand meldet, ruf ich die Leute zurück, frage was sie wollen oder was sie haben und dann sag ich „Horch zu, das kann ich dir machen oder das oder das." Wenn einer sagt: Es langt, wenn das Ding tuckert und halt irgendein Motor drin ist, dann mach ich das und

WENN ER IRGENDWAS WILDES WILL, DANN KANN ICH WAS WILDES BAUEN.

Die amerikanische Technik ist teils einfach, teils blicken die Leute aber auch nicht durch. Das, was andere nicht so hinbekommen, das kriege ich dann auch hin.

ICH KANN MICH IN DIE DINGER REINDENKEN.

Da ist Erfahrung einfach alles. Die Motoren sind manchmal sehr verbastelt – der V8 ist eigentlich ein ollwerer Bulldog-Motor, theoretisch gesagt – aber man kann schon viel draus machen.

HOT RAT

CHEVROLET PICK-UP

Baujahr:	1933
Leistung:	–
Hubraum:	–
Motor:	kein Motor eingebaut

Claude Bonifas

Claude Bonifas

ICH LIEBE EINFACH DIESE ALTEN RANZKARREN

Die Leidenschaft für alte Autos und Motorräder hat Claude von seinem Vater geerbt. Er liebt besonders US-Cars und ist in der Hot Rod Szene aktiv. Mit seiner Frau Martine lebt er in Luxemburg. Sie besitzen eine Vielzahl an Fahrzeugen, darunter mehrere amerikanische Autos und verschiedene Motorräder. Claude schraubt und repariert an diesen alles selbst. Seine Begeisterung für den Rennwagen Brutus hat dazu geführt, dass er sich diesen 2014 hat tätowieren lassen.

Schon als Kind war ich oft zu Besuch im *Technik Museum*. Vor allem hat mich der experimentelle Rennwagen Brutus begeistert. Die Kraft des 47 Liter großen 12-Zylinder-Flugmotors von BMW ist einfach beeindruckend. So ein Fahrzeug, zumindest in der Art, wollte ich auch besitzen. Also musste ein Rod her!

Zu meinem Rat Rod bin ich über meine große Leidenschaft für amerikanische Autos gekommen. Mein Problem, ich hasse putzen! Der Chevy Nova meiner Frau blitzt und funkelt an jeder Ecke und muss vor jeder Ausfahrt auf Hochglanz poliert werden. Ich lache mich immer wieder tot, wenn ich dabei an meine alte Kiste denke.

Ich liebe einfach diese alten Ranzkarren. Deswegen kamen eigentlich nur die A-Modelle von Ford in Frage. Dieser Rat Style ist einfach meins, der passt auch gut zu mir. Ich bin Fan von Fahrzeugen, denen man ihr Alter durchaus ansieht.

JE SCHLIMMER SIE AUSSEHEN, DESTO COOLER FINDE ICH SIE.

Mein Rat Rod kommt ursprünglich aus den Staaten, wurde vor vielen Jahren importiert, aber nie angemeldet. Der Vorbesitzer hatte eine riesige Sammlung von alten Flatheads. Ich habe ihn irgendwann angeschrieben, da einer zum Verkauf stand. Dann habe ich zugeschlagen. Die Überführungsfahrt zu mir nach Hause lief glimpflich ab! Erst zu Hause habe ich bemerkt, dass der Motor nicht am Chassis festgeschraubt war. Er lag einfach so im Rahmen drin. Mit einigen Umbaumaßnahmen hat der Wagen dann nach ein paar Wochen die Straßenzulassung erhalten.

Ich will, dass der Wagen möglichst mit Originalteilen am Leben gehalten wird. Viele in der Szene bauen ihr A-Modell so um, dass Bauteile von anderen Fahrzeugen daran zu finden sind. So was liegt mir nicht. Ich habe jetzt ziemlich lange nach einer originalen Frontscheibe gesucht und wurde schließlich in Berlin fündig. Ersatzteile sind meist teuer und manchmal muss man lange suchen. Die alte Technik im Wagen begeistert mich immer wieder aufs Neue! Einfach faszinierend, wenn man überlegt, dass die Freaks aus den 30er Jahren damals alles Unnötige weggeschraubt haben und sich mit getunten Motoren bei Privatrennen die Stirn boten, ohne auch nur daran zu denken, wie sie das Teil wieder zum Stehen bekommen.

Seit ich den Rod habe, fahre ich kein Motorrad mehr. Das Fahren in dem Wagen ist dermaßen scharf und abenteuerlich, dass ich ans Motorradfahren gar nicht mehr denke.

Ich bin auch kein Cruiser.

WENN ICH MICH MIT DEM TEIL AUF DIE STRASSE WAGE, LASSE ICH DEN ASPHALT GLÜHEN.

Allerdings muss man schon aufpassen, wann man Stoff gibt.

Als ich mal in einer Kurve überraschend auf eine Baustelle gestoßen bin, war es mit dem Bremsen schon fast zu spät. Ich konnte aber zum Glück sicher an der stehenden Kolonne vorbeirauschen, bis ich zum Stillstand kam. Vier Trommelbremsen sind einfach gewöhnungsbedürftig.

Auf jeden Fall habe ich auch mal vor, mit dem Teil auf die Rennpiste zu gehen! Bald will ich mal mit dem Rod zum *Rømø Motor Festival* in Dänemark und gerne auch nach Schweden zum *A-Bombers Old Style Weekend*, um am *Hill Climb* teilzunehmen. Ich habe auch vor, mir extra einen Rod zu kaufen, den ich ausschließlich auf Rennen fahren werde. Praktisch einer für den Alltag und einer zum Heizen.

Auf US-Car Treffen war ich mit der Kiste leider noch nicht. Das war zwar mal geplant, aber dann hatte ich doch ein technisches Problem und kam nicht bis ans Ziel. Aber ich bin immer nach Hause gekommen, auch wenn das ein oder andere Teil mal Ärger gemacht hat.

FORD MODEL A
„HOT ROD"

Baujahr:	1930
Leistung:	98 PS
Hubraum:	3.300 ccm
Motor:	V8

INDIAN FOUR	
Baujahr:	1940
Leistung:	35 PS
Hubraum:	1.265 ccm
Motor:	4Zylinder

INDIAN ACE	
Baujahr:	1928
Leistung:	34 PS
Hubraum:	1.265 ccm
Motor:	4 Zylinder

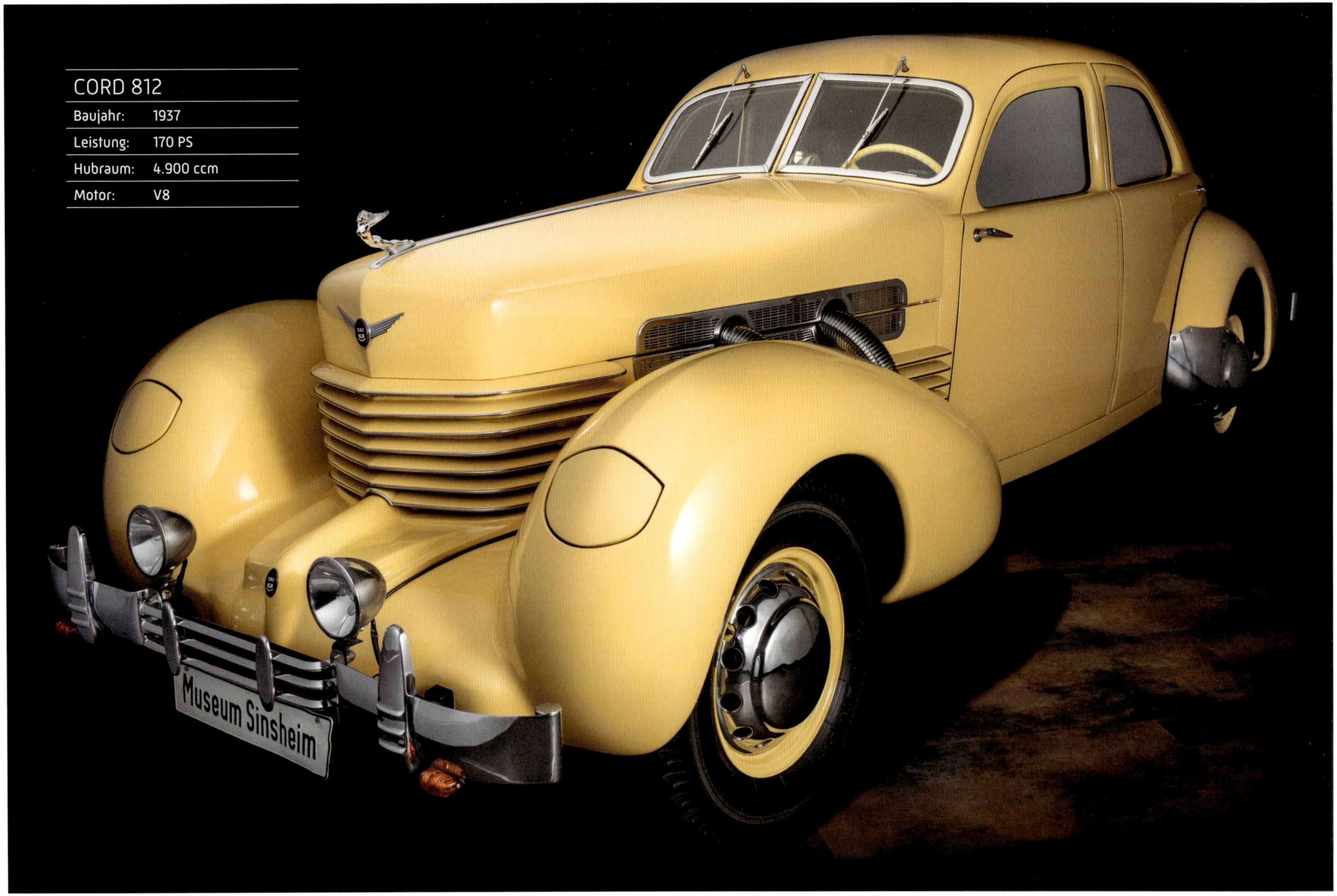

CORD 812

Baujahr:	1937
Leistung:	170 PS
Hubraum:	4.900 ccm
Motor:	V8

HARLEY DAVIDSON V/VL GESPANN

Baujahr:	1931
Leistung:	28 PS
Hubraum:	1.207 ccm
Motor:	2 Zylinder

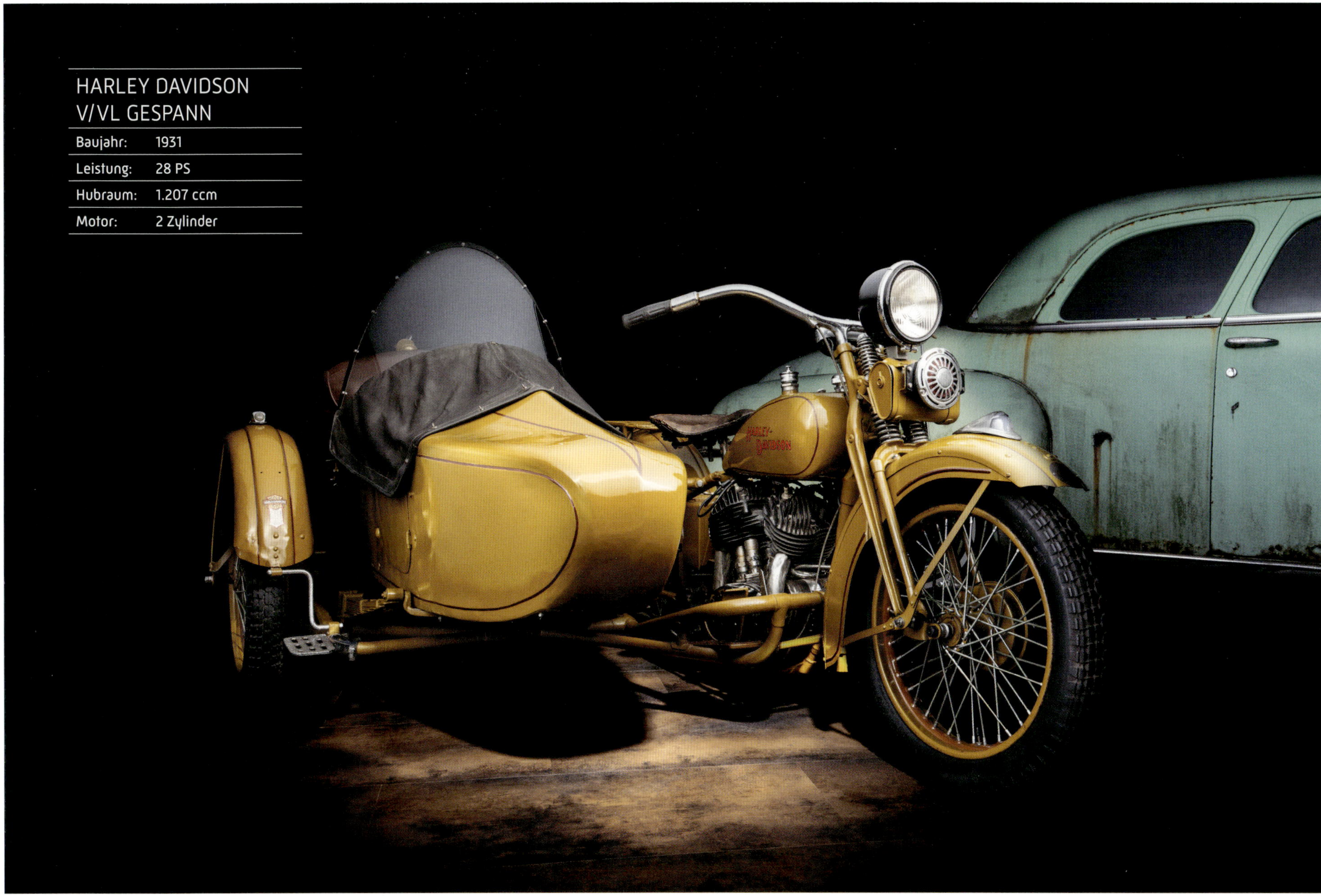

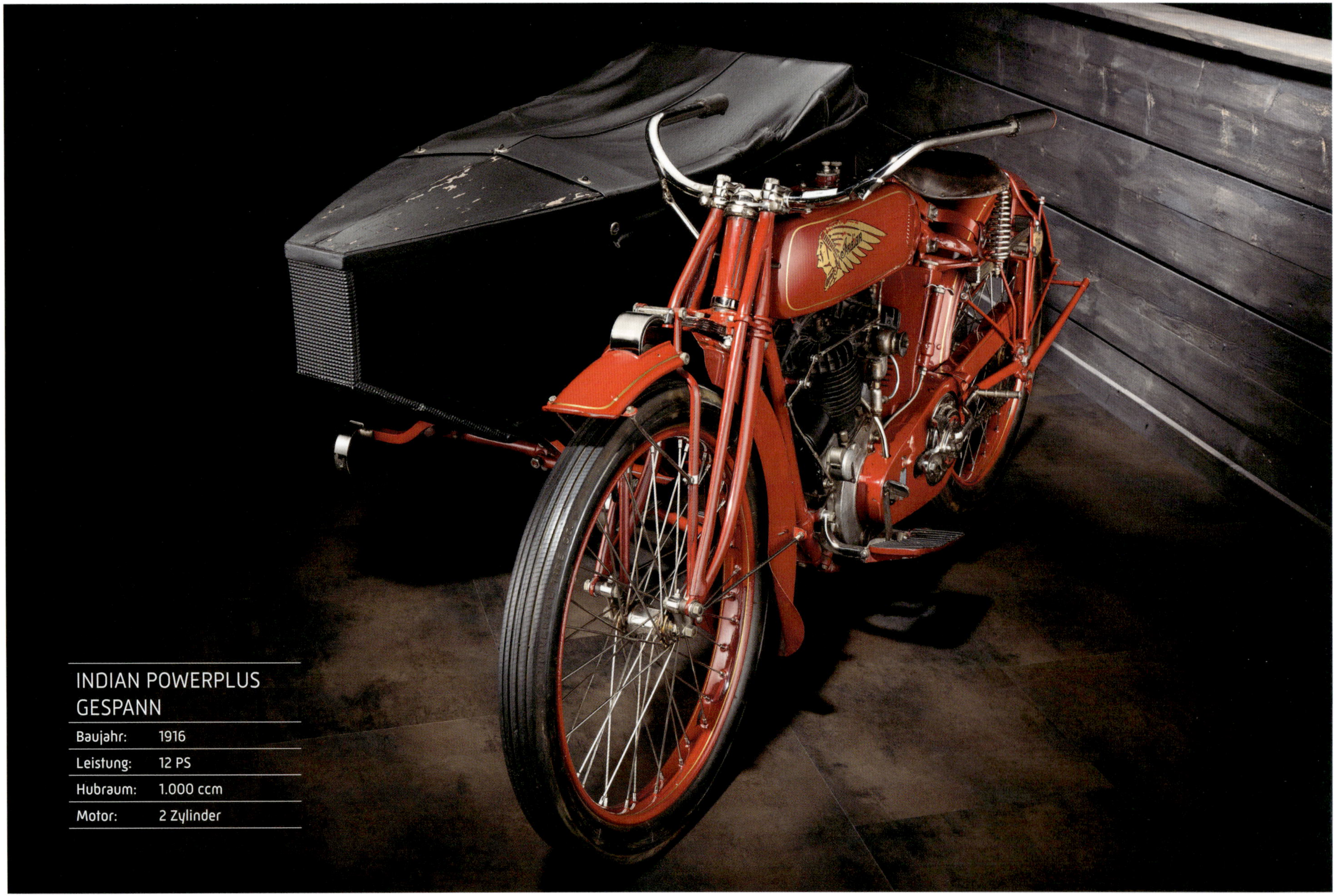

INDIAN POWERPLUS GESPANN

Baujahr:	1916
Leistung:	12 PS
Hubraum:	1.000 ccm
Motor:	2 Zylinder

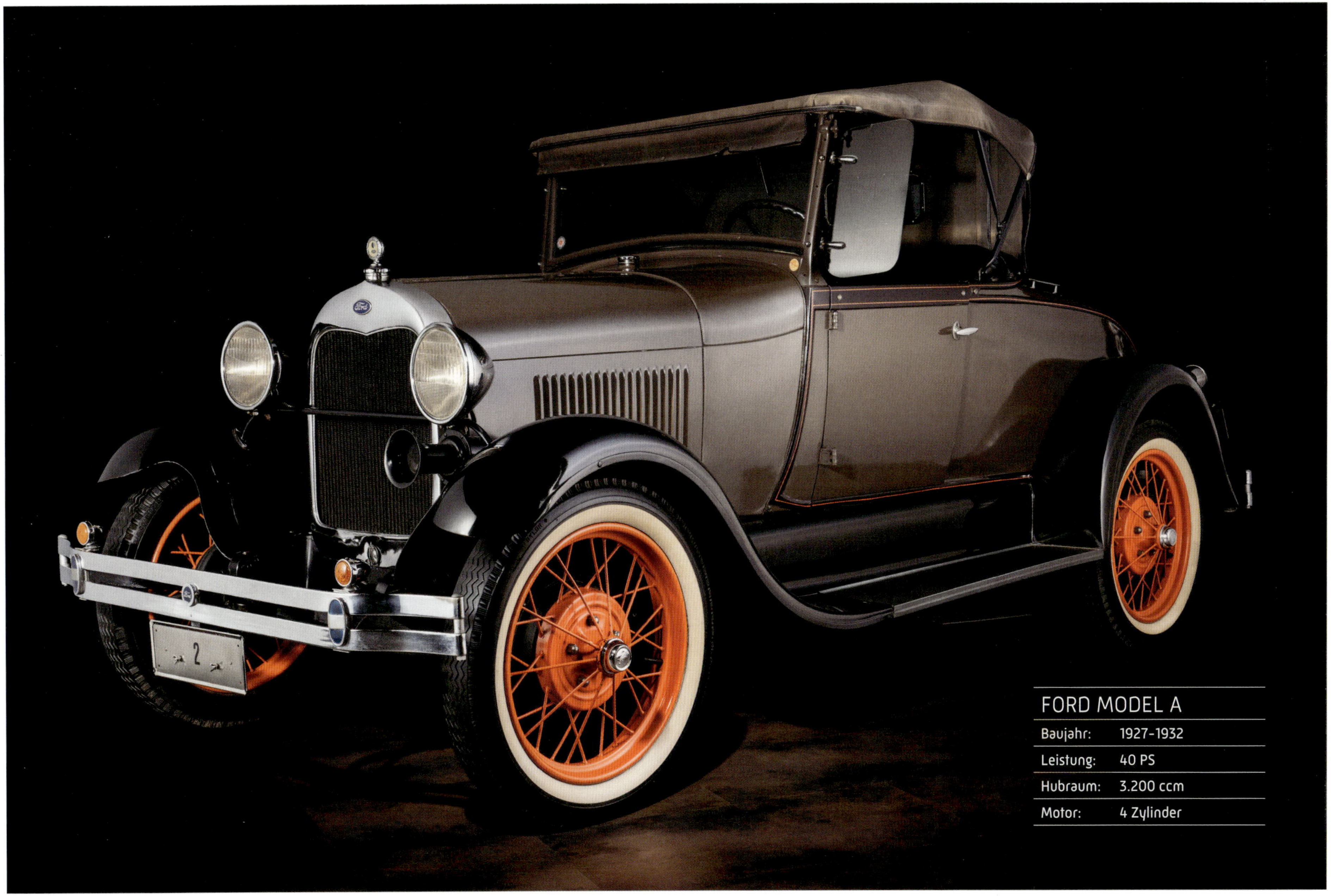

FORD MODEL A

Baujahr:	1927–1932
Leistung:	40 PS
Hubraum:	3.200 ccm
Motor:	4 Zylinder

HARLEY DAVIDSON WLA

Baujahr:	1942
Leistung:	27 PS
Hubraum:	743 ccm
Motor:	2 Zylinder

HONDA
MONKEY CHOPPER

Baujahr:	–
Leistung:	9,4 PS
Hubraum:	125 ccm
Motor:	1 Zylinder

FORD F1 PICK-UP

Baujahr:	1948
Leistung:	95 PS
Hubraum:	3.700 ccm
Motor:	V8

CHEVROLET PICK-UP „HOT ROD“

Baujahr:	1946
Leistung:	95 PS
Hubraum:	3.700 ccm
Motor:	V8

Harald Schmid

Harald Schmid

MIT DEM ROD IST AUCH UNSER SOHN GROSS GEWORDEN

Das erste Mal sah Harald Hot Rods Ende der 80er Jahre bei einem Treffen der V8-Freunde Odenheim. Damit fing dann auch die Begeisterung und Leidenschaft an. Da das Budget noch keinen Hot Rod erlaubte, kaufte er sich Anfang der 90er einen Camaro Z28. Es dauerte 20 Jahre, bis der erste Hot Rod in Haralds Besitz überging – ein Model A Roadster von 1929. Diesem folgten fünf weitere Rods. Momentan fährt er unter anderem einen 1938 Chevrolet Coupé und ein 1949 Plymouth Coupé. 2014 hat er mit einem Freund zusammen die Vintage Speed Freaks gegründet, einen Club für Liebhaber amerikanischer Fahrzeuge bis 1959. Heute zählt der Club über 20 Mitglieder und ebenso viele Fahrzeuge.

Den Ford Model A haben wir im April 2014 gekauft. Mit dem Hot Rod ist auch unser Sohn groß geworden. Schon als Kleinkind war er während des Aufbaus öfter im Wagen gesessen. Aus dieser Zeit haben wir witzige Bilder von der Werkstatt, in der der Kleine Dauergast war. Wir wollten noch ein paar Fotos mit unserem Sohn und seinem Hot Rod machen, bevor er 2017 an das *Technik Museum* geliefert werden sollte. Der Kleine, damals erst 4 Jahre alt, hat bitterlich geweint, als der Abschleppwagen kam. Ich staunte nicht schlecht, als der befreundete Abschleppwagenfahrer auf einmal auch anfing zu heulen. Als ich ihn fragte, was eigentlich mit ihm los sei, sagte er mir, dass er zwar kein kleines Kind zuhause hätte, aber dass er es eben trotzdem nicht sehen konnte, wenn ein kleines Kind weint. Zumal er derjenige war, der dem Kind sein Lieblingsstück wegnahm. Wir haben es tatsächlich dann doch noch geschafft, ein paar schöne Bilder zu machen – auch wenn sich der Kleine nur noch widerwillig fotografieren ließ. Das Auto war halt immer da. Immer wenn wir gegrillt haben, ist mindestens einmal in der Nacht der Hot Rod gestartet worden.

ES WAR DAS PARTY-DING ÜBERHAUPT.

Mit meinem ersten Rat Rod, einem Model A Roadster von 1929, hatte ich auch einige coole Erlebnisse. Zum Beispiel meine Begegnung mit den Jungs von den *Rusty Pistons*, einer tschechischen Klamottenfirma. Die habe ich vor ein paar Jahren auf dem Hockenheimring bei den *NitrOlympX* kennengelernt. Damals bin ich mit dem Rod durch das Fahrerlager gecruist, als auf einmal Martin, der Chef der *Rusty Pistons*, vor mir stand. Er war total begeistert vom Rod und hatte mich gefragt, ob ich nicht den Wagen für den Rest der Veranstaltung an seinem Stand abstellen könnte.

DA DER ROD EIN ECHTER PUBLIKUMSMAGNET IST, ZIEHT ER NATÜRLICH JEDE MENGE BLICKE AUF SICH –

und damit natürlich auch potenzielle Kunden. Deshalb steht seit dieser Zeit immer einer meiner Rods während der *NitrOlympX* bei den *Rusty Pistons* rum.

Ich war auch schon mit meinem Rod bei den Benzingesprächen in Speyer. Damals hat mich ein Mitarbeiter vom *Technik Museum* bei den *NitrOlympX* entdeckt und mich nach Speyer eingeladen. Leider hat es ausgerechnet an diesem Wochenende ordentlich geschüttet. Für mich war das trotzdem kein Grund, die Veranstaltung abzusagen. Den Rod habe ich kurzerhand auf den Hänger verfrachtet und bin dann so nach Speyer gefahren. Man staunte nicht schlecht, als ich trotz Sauwetters mit meinem Rod aufgetaucht bin.

FORD MODEL A „HOT ROD“

Baujahr:	1930
Leistung:	300 PS
Hubraum:	5.700 ccm
Motor:	V8

FORD LAKESTER „HOT ROD"

Baujahr:	1926
Leistung:	–
Hubraum:	–
Motor:	4 Zylinder

SO-CAL
RACING TEAM
26

LOLA INDY T93

Baujahr:	1993
Leistung:	750 PS
Hubraum:	3.000 ccm
Motor:	V8

CHEVROLET
SKOAL BANDIT

Baujahr:	1981
Leistung:	625 PS
Hubraum:	5.600 ccm
Motor:	V8

CHEVROLET MONTE CARLO

Baujahr:	1984
Leistung:	500 PS
Hubraum:	5.700 ccm
Motor:	V8

RACE PICK-UP TRUCK

Baujahr:	1992
Leistung:	–
Hubraum:	5.700 ccm
Motor:	V8

HARLEY DAVIDSON ELECTRA GLIDE FLH 1200

Baujahr:	1981
Leistung:	58 PS
Hubraum:	1.186 ccm
Motor:	2 Zylinder

GOLDEN GROUP
KENWORTH
GOLDEN GROUP
CORROSIVE
King of the Road
9

HARLEY DAVIDSON
SERVICE CAR

Baujahr:	1970
Leistung:	20 PS
Hubraum:	742 ccm
Motor:	2 Zylinder

HARLEY DAVIDSON EVO SOFTAIL

Baujahr:	1992
Leistung:	58 PS
Hubraum:	1.338 ccm
Motor:	2 Zylinder

Thomas Verba

Thomas Verba

ICH HATTE EINE ZIEMLICH GENAUE VORSTELLUNG, WIE MEIN TRAUMAUTO SEIN SOLLTE

Ein alter 2-türiger Dodge Charger, das ist Thomas Traumwagen. Ihm gefallen Amerikaner einfach besser als deutsche Autos. US-Cars besitzt er einige, darunter einen Cadillac El Dorado Cabrio, einen 68er Pontiac, einen Dodge Coronet und einige Jeeps. Schon seit seiner Kindheit ist Thomas autobegeistert. Heute betreibt er eine Kfz-Werkstatt, in der er unter anderem auch Amerikaner fahrbereit macht. Zusammen mit Freunden besucht er regelmäßig US-Car Treffen und ist mit seinen Jeeps offroad unterwegs.

Zu meinem Plymouth Fury kam ich eher zufällig, aber oft braucht man ja gerade solche zufälligen Momente. Ich hatte eine ziemlich genaue Vorstellung, wie mein Traumauto sein sollte – mattschwarz und einen Totenkopf auf der Motorhaube.

Ich habe tatsächlich vorher an ein deutsches Auto gedacht, einen BMW oder ähnliches. Dann war aber klar: ein Ami muss es sein. Die sind einfach schicker. Fündig wurde ich schließlich auf *eBay*. Der Verkäufer aus der Schweiz hatte ein ziemlich lausiges Bild von dem Plymouth in seiner Auktion. Ich habe trotzdem mitgeboten und dann auch tatsächlich den Zuschlag bekommen. Also bin ich mit dem Anhänger in die Schweiz und habe den Fury abgeholt. Der Verkäufer war der Enkel des Erstbesitzers. Dieser hat den Wagen wohl hauptsächlich dafür benutzt, um Bootsanhänger zu ziehen – mit dem leistungsstarken V8 war das bestimmt kein Problem.

DER WAGEN STAND LANGE ZEIT NUR RUM UND SAH ENTSPRECHEND VERSIFFT AUS.

Der Lack war im Eimer und das Vinyl auf dem Dach aufgeplatzt. Da der Plymouth aber sowieso mattschwarz werden sollte, spielte das keine Rolle. Lackiert wurde der Wagen mit einem Industrielack. Anfangs bestand der Totenkopf auf der Motorhaube einfach aus einer schwarzen, glänzenden Folie. Allerdings veränderte sich der mattschwarze Industrielack im Laufe der Zeit etwas und der Kontrast zum Totenkopf war nicht mehr so groß. Daher habe ich das Motiv dann lieber gegen einen weißen Totenkopf ausgetauscht, um den Kontrast zu erhöhen.

Der große Vorteil an meinem Fury ist, dass er für die Schweiz gebaut wurde. Das heißt, er hat einen Tacho mit Kilometeranzeige und nicht mit Meilen, angepasste Beleuchtung und das Wichtigste: Ich habe eine lang übersetzte Hinterachse! Die amerikanischen Modelle, mit der kurz übersetzten Hinterachse, funktionieren in den USA bei 55 Meilen super. In Deutschland dagegen braucht so was eine ganze Menge Benzin, wenn man mal etwas zügiger unterwegs ist. Außerdem waren die Schweizer Modelle doch einen Tick besser verarbeitet als das vergleichbare amerikanische Fahrzeug.

Der Plymouth wurde nach der großen Zeit der Muscle Cars gebaut, daher liegen trotz 6 Liter Hubraum nur circa 250 PS an. Aber das ist immer noch mehr als genug für den Wagen. Da der Motor durch die längere Übersetzung nicht hochdrehen muss, fährt der

Fury übrigens einwandfrei und zuverlässig auch längere Strecken. Seiner Zeit war er ein typisches Standardauto, das im amerikanischen Straßenverkehr üblich war. Aber die Entfernungen sind in den Staaten ja andere als bei uns. Während bei Kadett, Käfer & Co. eher kleinvolumige Motoren eingebaut wurden, waren in den USA hubraumstarke Gefährte gefragt. Mir gefällt an dem Wagen richtig gut, dass es keine B-Säule gibt. Das verleiht dem Wagen einen sportlichen Coupé Charakter. Durch die abgedeckten Scheinwerfer und die vorne runtergesetzten Drehstabfedern wirkt die gesamte Optik noch ein bisschen aggressiver und sportlicher. Ansonsten wurde noch ein anderes Lenkrad eingebaut und zugunsten eines sportlicheren Auftritts, Felgen mit einer extremeren Einpresstiefe montiert. Auf US-Car Treffen kommt der Wagen durch seine coole Optik immer super an! Die meisten Besucher machen früher oder später ein Foto.

DA DER KOFFERRAUM 1,80 AUF 2 METER MISST, LEGE ICH AB UND ZU EINE MATRATZE REIN UND SCHLAFE DORT.

Interessenten fragen übrigens immer wieder nach dem Spritverbrauch. Die Schätzungen gehen weit über 20 Liter. Die Leute wollen einfach glauben, dass so ein Wagen Benzin im Überfluss durchjagt.

Dass der Fury aber ganz locker mit 13 Litern auf der Autobahn zu bewegen ist, will keiner hören. Auch die Reserveteile sind meist recht günstig. Einen Bremskraftverstärker bekommt man für den Fury schon für circa 100 Euro.

Der türkisgrüne Dodge Coronet von 1950, der übrigens auch im *Technik Museum* steht, soll optisch nicht verändert werden. Der Vintage-Look sagt mir voll zu und ist ja gerade auch voll in. Leider fährt dieser Wagen noch nicht. Da gibt es technisch noch ein bisschen was zu machen.

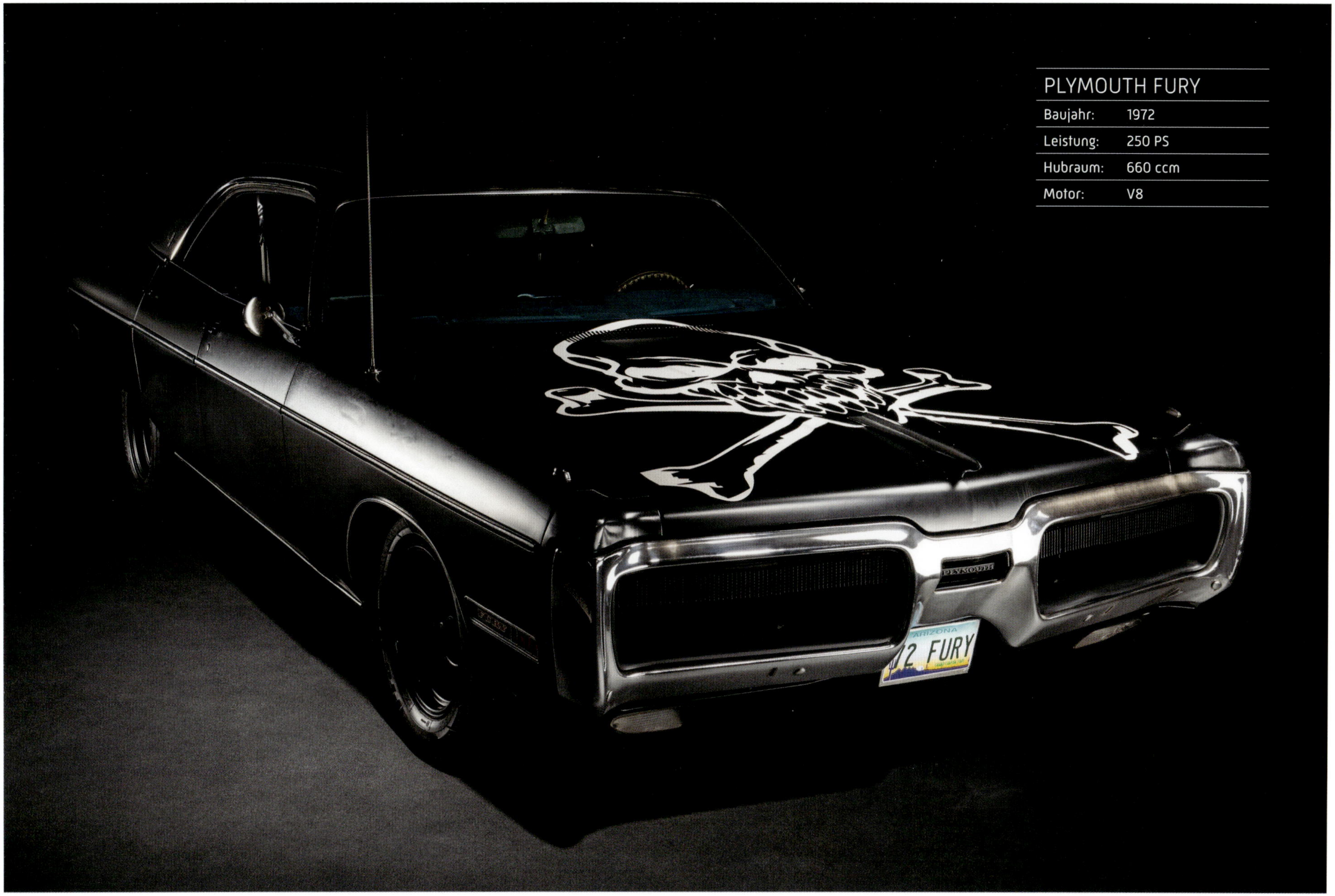

PLYMOUTH FURY

Baujahr:	1972
Leistung:	250 PS
Hubraum:	660 ccm
Motor:	V8

DODGE CORONET SUPERBEE

Baujahr:	1969
Leistung:	390 PS
Hubraum:	7100 ccm
Motor:	V8

PACK

Robert Mrijaj

Robert Mrijaj

DAS BENZIN IM BLUT HATTE ICH SCHON IMMER

Robert ist quasi im Museum groß geworden. In den Ferien half er seinem Vater, der in der Werkstatt im Museum in Speyer arbeitet. So ist auch seine Liebe zu Autos entstanden – sie sind bis heute sein Steckenpferd. Nach seinen Ausbildungen zum Kaufmann und Installateur fing er selbst in der Werkstatt des Museums an zu arbeiten. Schon früh entwickelte er die Leidenschaft für amerikanische Autos. Sein erstes US-Car war ein 79er Camaro, es folgte ein 85er Lincoln Continental. Heute besitzt er einen Plymouth Satellite von 1972 und mehrere alte Jeeps, mit denen er offroad unterwegs ist. Durch seine Kontakte in der Szene hat er maßgeblich an der American Dream Cars Ausstellung mitgewirkt, hat Kontakte vermittelt und seinen eigenen Plymouth zur Verfügung gestellt.

Mein Plymouth Satellite ist ein wunderschönes Auto. Ich mag diese Muscle Cars. Er wurde nur drei Jahre, 1970 – 1972, mit diesem Grill in der Form gebaut und ist somit sehr selten. Offen und ehrlich gesagt – für mich ist er eigentlich viel zu schick, ich habe es gern ein bisschen alt und verratzt. Aber er gefällt mir optisch einfach sehr, sehr gut! Motorentechnisch ist er wie vom Werk ausgeliefert: Getriebe, Vergaser, alles ist Serie. Er hat einen 5,2 Liter, V8-Motor und 190 PS. Das Schnellste, was ich mit dem Auto gefahren bin, war 120 km/h auf der Autobahn.

VOLLGAS ÜBER DIE PISTE PRÜGELN, DAS BRAUCHE ICH NICHT.

Aus dem Alter bin ich raus, dass ich da irgendwem etwas beweisen muss. Ich fahre immer nur gemütlich.

Meine andere Leidenschaft sind Jeeps, mit denen fahre ich offroad. Am Anfang hatte ich ein wunderschönes, für die Straße zugelassenes Serienfahrzeug. Dann kam ich über einen Bekannten zum Offroadfahren. Mein schönes Auto wollte ich aber nicht kaputtmachen, also habe ich dann bei einem Schrotthändler für 500 Euro einen Jeep gerettet. Mit der Flex habe ich ganz spartanisch alles rausgeschnitten, was beim Offroaden gestört hat: überflüssige Sitze raus, Teppich raus, also wirklich nur noch das nackte Auto.

Der Jeep ist nur zum Spaß haben da. Wir fahren nicht gegeneinander, wir fahren nicht auf Zeit, unser Ansporn ist es Hindernisse zu überwinden. Wir fahren da, wo es eigentlich nicht normal ist zu fahren, wo sonst keiner fahren kann: über riesen Steine, Steigungen, zwischen Bäumen durch. Es kann dann auch schon mal sein, dass ein Außenspiegel wegfällt oder eine Dalle in die Tür gefahren wird. Wir fahren so, dass es Spaß macht, ohne Rücksicht auf Verluste.

WENN'S KNACKT, KNACKT'S!

Wir kaufen Fahrzeuge, die durchgerostet sind oder einen Motorschaden haben, schlachten sie aus und haben somit ein Ersatzteillager. Wir sind ein Verband von 25 Freunden, was der eine nicht hat, hat dann ein anderer. Wir tauschen uns aus und helfen uns! Manchmal stehen wir auch alle zusammen in einer Werkstatt rum und abends wird dann gegrillt und die Gemeinschaft gelebt. Das Fahren mit den Jeeps und dem Plymouth, das trenne ich.

DAS EINE IST DRECKSGESUDDEL UND DAS ANDERE IST SCHÖN.

Zum Beispiel mit dem Plymouth sonntags in die Pizzeria oder in die Eisdiele fahren. Wenn es die Zeit zulässt, gehe ich mit dem Plymouth auf US-Car Treffen und verbringe dort ganz gediegen den Tag. Soweit es geht, nehme ich meine Familie mit. Wir sind eine kleine Gemeinschaft. Dann fahren wir immer mit sechs, sieben Autos hin. Ist ja auch ganz schick, wenn du so eine Clique bist! Auf jedem US-Car Treffen kommen die Leute und machen dann ein Bild von uns.

MEINE AUTOS GEBEN MIR DAS GEFÜHL, DASS ICH ETWAS HABE, DAS NICHT JEDER ANDERE HAT – ETWAS EXKLUSIVES.

Schon früher hatte ich immer amerikanische Autos. Ich habe immer Modelle gesucht, bei denen ich meine Familie mitnehmen kann. An mein erstes US-Car – den 79er Camaro – kam ich per Zufall. Da hat mich dieses V8-Fieber gepackt. Gekauft habe ich ihn mit 23 Jahren, an einem Samstagnachmittag. Eigentlich war ich mit einem Freund einen Anhänger kaufen. Weil wir uns mit dem Verkäufer super verstanden haben, sind wir noch mit ihm ins Büro und haben ein paar Bier getrunken. Da stand dann der Camaro, den er zum Ausschlachten hatte. Mein ungefährer Wortlaut war: „Ich will das Auto haben!" Nach einigem Hin und Her sagte er: „OK, dann gib mir soundso viel Euro und du kannst ihn am Montag holen." Das habe ich dann getan! Das war dann mein erster Amerikaner – bei dem ich dann feststellen musste, dass es auch Rost gibt! Der TÜV hat uns irgendwann getrennt. Danach kam eine Stretch-Limo – ein 85er Ford Lincoln Continental, 7 m lang. Wenn wir damit bei McDonalds in den Drive-in fuhren, bekam der Fahrer vorne sein Essen und ich habe währenddessen hinten bestellt. Das hat von den Fensterabständen genau gepasst.

Mein Plymouth zählt zu meinen Favoriten unter den US-Cars, mein absolutes Traumauto ist jedoch der 68er Dodge Charger. Den kannst du aber nicht bezahlen. Das ist das Muscle Car schlechthin, bleibt aber ein Traum, der für mich unbezahlbar und somit unerreichbar ist.

PLYMOUTH SATELLITE

Baujahr:	1972
Leistung:	190 PS
Hubraum:	5.200 ccm
Motor:	V8

PLYMOUTH SPORT FURY

Baujahr:	1968
Leistung:	285 PS
Hubraum:	6.286 ccm
Motor:	V8

CHEVROLET CORVETTE
STINGRAY C3

Baujahr:	1969
Leistung:	435 PS
Hubraum:	7.440 ccm
Motor:	V8

Moritz Eberle

Moritz Eberle

WIR SIND ALLE AUTOLIEBHABER

Zusammen mit seinem Vater und seinem Bruder führt Moritz eine Firma für Jeep-Teile und -Zubehör. Im hauseigenen, sehr geräumigen Lager befinden sich über 15.000 verschiedene Teile und alles hat seinen Platz: Schrauben, Reifen, Motorhauben und sogar Türen verschiedenster Jeep-Modelle. Jeep CJs restauriert die Familie nach Feierabend oder an Wochenenden. Umbauten bieten sie nur in kleinem Rahmen an. Die Firma entwickelt eigene Teile, welche sie im eigenen Offroad-Park testet und anschließend TÜV zertifizieren lässt. Die Familie besitzt einige US-Cars und mehrere Jeeps, allein circa 25 CJs. Jeeps sind die große Leidenschaft von Moritz.

Meine Autos bedeuten mir sehr viel – es sind meine Lieblinge. Da spreche ich auch für meine ganze Familie: Wir sind alle Autoliebhaber. Unsere Sammlung besteht ausschließlich aus amerikanischen Autos. Es ist eine technische, materielle und emotionale Leidenschaft. Es ist das Einfache, das viele Metall, das Chrom, die schönen Kurven – so was gibt es bei deutschen Autos eher weniger. Das ist der Stil, den wir lieben.

Die Begeisterung für Autos und Technik kommt von meinem Vater. Schon als junger Erwachsener hat er sich seinen ersten Jeep CJ gekauft. Damals gab es aber keine Teile für das Auto, also musste man sich viel selbst beibringen und reparieren. So hat er viel Zeit mit seinen Autos verbracht und es entstand eine Leidenschaft, die ihn jetzt seit über dreißig Jahren begleitet. Man bekommt sie auch nicht mehr aus ihm raus, das hat sich eingebrannt.

Ich selbst habe mit dem Schrauben an meinem Mofa angefangen. Mein Vater hat uns viel beigebracht. Er hat uns gezeigt, wie alles funktioniert. So kam ich zum technischen und mechanischen Verständnis. Im Lauf der Jahre hat er uns immer geholfen, auch wenn wir was Größeres repariert haben. Wir haben uns aber auch viel selbst beigebracht, das Interesse war ja da. Irgendwann kamen dann die Autos – mein Erstes war ebenfalls ein Jeep.

Da liegt eher meine Leidenschaft, wobei so ein Dodge Dart oder auch der Chieftain wunderschöne Autos sind. Wie die meisten unserer Fahrzeuge haben wir auch diese zwei direkt aus den USA bekommen. Ein langjähriger Freund von uns aus San Diego, der vor Ort unser Lagerhaus verwaltet, den Export macht und auch unsere Container belädt, stellt ab und zu auch mal ein Auto rein. Als wir in den USA im Urlaub waren, haben wir den Dodge auf einer Autoauktion von Privatleuten erstanden. Er war im top Zustand, ohne Rost.

Den Pontiac haben wir über den gleichen Bekannten aus San Diego. Er hat durch seine Arbeit ein großes Netzwerk in den USA. Eines Tages erhielt er einen Anruf, ob er nicht einen Pontiac kaufen wolle. Er verneinte dies, sagte aber, dass er vielleicht jemanden kenne, der so einen sucht. Also hat er uns die Bilder geschickt und wir haben ihn gekauft. Unser Bekannter ist mit seinem Pick-up und einem Anhänger dann nach Texas gefahren, hat das Auto abgeholt und ihn uns im Container zugeschickt. Es ist einfach ein wunderschönes Auto mit Stil und einem 6,6 Liter Big-Block-Motor. Gedacht war er als Sonntagsauto, wir sind ihn aber viel zu selten gefahren. Per Container kamen über die Jahre auch zehn bis zwölf Jeep CJs nach Deutschland. Gerade ist einer meiner Traumjeeps fertig geworden. Den habe ich mir genauso gebaut, wie ich ihn mir immer vorgestellt habe.

EIN CJ7 GOLDEN EAGLE IN WEISS – FÜR MICH DER SCHÖNSTE ÜBERHAUPT!

Im Sommer fahre ich sehr viel mit meinem alten CJ, ohne Dach und ohne Türen. Man hat einfach Spaß. Wenn das Auto mal stehen bleibt oder wie mal passiert, der Anlasser kaputt ist, dann wird nicht der *ADAC* gerufen. Wir sind zwar alle Mitglieder, aber da kommt dann mein Bruder und bringt mir die Teile und ich liege bei Regen im Nassen und repariere selbst.

Wir leben als Familie in einem Haus, auch wenn jeder dort seine eigene Wohnung hat. Es gibt keinen Stress, alle kommen gut miteinander aus – wir sind eine wunderbare Familie. Auch in der Firma arbeiten wir uns alle gegenseitig zu, jeder arbeitet aber in seinem Bereich. Wir sind ein Team und alle gleich. Und jeden Mittag gehen wir nach Hause, meine Mutter kocht und alles ist sehr familiär.

Die meisten Autos aus unserer Sammlung sind fahrbereit und auch fast alle angemeldet, aber man kann eben nur ein Auto gleichzeitig fahren. In unserer Familie teilen wir alles, was wir haben – außer unsere Autos. Da hat jeder seins. Keiner fährt mit den Autos des anderen, wir sind da ein bisschen eigen. Ich zum Beispiel lasse niemanden mit meinem fahren, da lasse ich es lieber stehen.

Zu US-Car Treffen gehe ich weniger. Ich bevorzuge die Offroad-Veranstaltungen mit den Jeeps. Wir waren zum Beispiel beim *Jeep Jamboree* in Frankreich. Ein ganzes Wochenende auf Offroad-Strecken mit Parcours und großen Offroad-Parks. Da fahren wir auch selber mit. Auch das *Technik Museum* haben wir über unsere Jeeps kennengelernt. Viele Mitglieder des Museums sind im *AMC JeepClub Dinosaurus*. Wir sind mit dem Club befreundet und waren auch oft beim *Brazzeltag*. So kamen wir zusammen. Wir sind alles Bekannte und Freunde. Wir wurden gefragt, ob wir einige von unseren Autos dort ausstellen wollen, da haben wir dann sofort zugestimmt. So kamen dann der Dodge, ein Pick-Up und der Plymouth in die *American Dream Cars* Ausstellung.

DODGE DART

Baujahr:	1963
Leistung:	101 PS
Hubraum:	2785 ccm
Motor:	6 Zylinder

Martine Bonifas-Winkel

Martine Bonifas-Winkel

DANN STAND ER DA UND ICH BIN AUSGEFLIPPT

Martine fällt auf in der Szene: Frauen mit eigenen US-Cars sind eine Seltenheit. Dass die Anzahl an Frauen langsam steigt, findet sie super. Oldtimer haben ihr schon immer gefallen, zur Leidenschaft wurden sie durch ihren Mann Claude. Sie sind seit 19 Jahren zusammen, seit 13 Jahren verheiratet und leben in Luxemburg. Mit dem Schrauben hat Martine gerade erst angefangen.

Der Chevrolet Nova ist nicht unbedingt der Publikumsliebling, er gefällt dir oder nicht. Ich finde ihn einfach schön, er ist mein Schatz! Ich habe mir ein paar US-Cars angeschaut, viele haben mir aber nicht gefallen, die meisten Autos sehen ja gleich aus. Durch die Serie *Street Outlaws*, die ich immer mit Claude geschaut habe, bin ich dann auf den Nova aufmerksam geworden. Einer in der Serie hatte einen solchen Chevrolet. Da wir eh überlegt haben ein neues Auto zu kaufen, habe ich meinem Mann gesagt, dass es dieses Auto wird –

DER NOVA WAR EINFACH MEIN HERZSTÜCK.

Er hat mir dann jeden Tag eine E-Mail geschickt mit Novas, die er im Internet gefunden hat. Die meisten musste man noch restaurieren. Ich wollte aber ein Auto, bei dem ich einfach einsteigen und losfahren kann. Das war eben der Jetzige. Ohne dass ich davon wusste, ist er dann nach Berlin gefahren und kam mitten in der Nacht zurück, hat mich aus dem Bett geschmissen und mich überrascht – einfach so. Ich bin raus auf die Straße gekommen und dann stand der Nova da. Ich bin ausgeflippt und war wirklich begeistert. Die Überraschung ist voll gelungen!

Das ist jetzt ein 1973er Chevy Nova, mit 5,7 Liter und 177 PS, der in den USA restauriert und nach Deutschland exportiert wurde. Er hat beim TÜV sogar die Zustandsnote 1 minus bekommen, das heißt, ich muss nichts mehr daran machen! Trotzdem habe ich die orangenen Blinker abgenommen und schwarze rein gemacht. Die haben mir einfach besser gefallen.

Sonst schraube ich selbst aber nicht, ich bin da noch in der Lernphase. Das macht alles Claude. Seit ich den Chevy habe, fange ich aber immer mehr an, mich dafür zu interessieren. Sofern wir Dinge an unseren Autos selbst reparieren können, machen wir das auch.

Wir haben noch einen Chevy Van G20, meinen BMW M240i, einen BMW 2000 touring von 1972 und ein paar Motorräder, eine Buell S1, zwei Honda und eine Suzuki. Mit den Autos gehen wir regelmäßig auf US-Car Treffen, das ist unser Hobby. Gerade waren wir auf einem in Luxemburg. Wenn wir Zeit haben, fahren wir in ganz Europa auf Treffen. Seit Jahren sind wir eine kleine Truppe.

Wenn das Wetter gut ist, fahren wir auch mit den Autos zur Arbeit. Ansonsten dann mit Freunden eine Tour am Wochenende. Der Freundeskreis besteht aus vielen US-Car Fans und die, die noch kein Auto haben, sind am Suchen. Wir haben sie angesteckt. Wir waren auch schon oft beim *Brazzeltag*. Mein Mann war beim ersten Mal 2014 total in Brutus vernarrt, er hat sich sogar ein Tattoo von ihm stechen lassen. Ich habe davon dann ein Foto gemacht und dem Museum geschickt. Hermann Layher war so begeistert, dass er uns im nächsten Jahr direkt zum *Brazzeltag* eingeladen hat. In den Jahren hat sich eine richtige Freundschaft zum Museum und der Familie entwickelt. Wir kommen jedes Jahr zu Besuch, zum *Brazzeltag* und zum US-Car Treffen.

Momentan überlege ich, den Chevy Nova zu verkaufen, um dann eher etwas richtig Ranziges zu kaufen. So einen Pick-up zum Beispiel, der macht mehr Spaß zu fahren.

SO EINE KULTIG-RANZIGE KISTE WÄR SCHON COOL.

Es müssen aber auf jeden Fall US-Cars sein, wegen dem V8-Motor. Da bekommst du Gänsehaut, wenn die Motoren laufen. Es muss laut sein und die Amis sehen einfach besser aus, so quadratisch. Die neuen Autos sind immer so rund, das gefällt mir nicht. Die Alten haben noch Ecken und Kanten und sehen einfach stylischer aus.

Meine Autos bedeuten mir schon sehr viel. Ich könnte jetzt sagen, dass sie mir alles bedeuten, aber es gibt noch eine Stufe drunter. Ich liebe meine Autos und würde auch viel Geld reinstecken, aber alles bis zu einer bestimmten Grenze.

CHEVROLET NOVA

Baujahr:	1973
Leistung:	177 PS
Hubraum:	5.700 ccm
Motor:	V8

Frank Heinze

Frank Heinze

LEBE DEINE TRÄUME

Die Leidenschaft für Fahrzeuge hat Frank seit Beginn seines Lebens – sie war schon immer vorhanden. Den Anfang machten Matchbox-, HotWheels- und Modellautos. In Kindertagen war Frank so oft es ging bei seinem Onkel in der Werkstatt und hat einfach nur zugesehen und gelernt. Aufgewachsen in der Nähe einer amerikanischen Militärsiedlung in Heidelberg, war auch der Fokus auf US-Cars früh da. Bewundert hat Frank vor allem den Klang der V8-Motoren, die Optik und die Größe der US-Cars. Genau das ist es auch heute noch, was Frank liebt: diese Eigenarten, die leicht verständliche Technik, das Lebensgefühl – einfach das ganze Paket.

Mit meinem Mustang verbinde ich eine etwas tragische Geschichte. Mein Vater ist 2008 gestorben, ziemlich genau zu Beginn seiner Rente. Seinen großen Traum, einmal mit der Harley durch Amerika zu fahren, konnte er leider nie in die Realität umsetzen. Sowas sollte mir nicht passieren – warum immer alles rausschieben:

LEBE DEINE TRÄUME!

2009 kam ein Motorradunfall dazu. Da ich noch ein kleines Kind zu Hause hatte, dachte ich mir: Motorradfahren mit Familie geht nicht und unsicher ist es auch noch. Jetzt kommt ein V8 ins Haus. Wenn das Teil dann nicht passt, kann ich ihn ja weiterverkaufen. Aber wenigstens weiß ich dann, ob das etwas für mich ist oder nicht. Ich war immer ein Autofan, ein V8 war bereits als Kind mein Traum. Meine Eltern mussten mich ständig zu diversen US-Car Treffen fahren.

Der Traum seit Kindertagen war eigentlich eine Corvette, aber die ist ja nur ein Zweisitzer. Zusammen mit Frau und Kind sind da leider keine gemeinsamen Ausflüge drin. Außerdem war mir eine gute Versorgung mit Ersatzteilen wichtig. Für die meisten Mustang Modelle gibt es noch so viel Ersatzteile, dass man sich alleine aus diesen ein komplettes Fahrzeug zusammenbauen könnte.

Den Mustang habe ich dann in einem Audi-Autohaus im Süden Deutschlands gekauft und Schritt für Schritt nach meinen Wünschen aufgebaut. Mein Wagen war beim Kauf ein kompletter Restaurierungs-Unfall. Die Karosserie wurde dann von einem Fachbetrieb komplett gestrippt und neu aufgebaut. Was die Blecharbeiten betrifft, gebe ich gerne etwas ab. Um die Technik kümmere ich mich dann wieder selbst. Ich schraube selbst an meinem Ford Mustang, habe dafür unter anderem eine Scheune mit Hebebühne und eine Garage mit Grube. Das nötige Werkzeug habe ich mir über die Jahre zusammengekauft und kann im Notfall auf meinen guten Freund Thomas Verba und dessen Werkstatt und Know-how zurückgreifen. Er war es auch, der das Feuer bei mir richtig entfacht hat und mich zum ambitionierten Schrauben gebracht hat.

Der Wagen ist im Prinzip bis auf die Felgen völlig original und fährt jetzt wirklich zuverlässig. Deshalb besuche ich mit dem Wagen auch mal US-Car Treffen, die weiter weg sind. Auch Ausfahrten in die Schweiz oder in den hohen Norden sind kein Problem. Die 64er bis 68er Mustangs sieht man auf jedem Treffen. Der 70er ist immer noch ein Mustang der ersten Serie und hat mir persönlich auch am besten gefallen.

Der schönste Ausflug war aber mit meiner Mutter, die früher mit solchen Fahrzeugen gar nichts anfangen konnte. Als ich sie zu einem Ausflug abgeholt habe, hatte sie die ganze Fahrt über ein breites Lächeln im Gesicht.

DAS SCHÖNE BEIM FAHREN IST AUSSERDEM DIE REAKTION DER MENSCHEN, DENEN MAN BEGEGNET.

Einen Neidfaktor gibt es eigentlich nicht. Die meisten freuen sich, den Mustang zu sehen. Am besten sind allerdings die Stopps an der Tankstelle. Die Frage nach dem Spritverbrauch kommt jedes Mal. Wenn man dann erzählt, wieviel Spaßgeld so ein Wagen nun mal kostet, erntet man meist mitleidige Blicke.

Dabei lässt sich der Mustang ohne Probleme locker mit moderaten 14 Litern bewegen. Angesichts der Leistung und der betagten Technik ist das ein akzeptabler Verbrauch.

Aktuell besitze ich noch einen 1972er Plymouth Fury Gran Sedan, einen 1969er Mercury Monterey Custom Hardtop, einen 1968er Plymouth Valiant, einen 2005er Dodge Ram Rumble Bee, ein paar Jeeps, einen umgebauten 1984er Käfer, sowie verschiedene Alltagsfahrzeuge.

GOTT SEI DANK LEBT MEINE FRAU DIESES HOBBY MIT MIR UND MOTIVIERT MICH EHER, ALS MICH MAL ZU BREMSEN.

Mit Thomas Verba teile ich mir den rostigen 1950er Dodge Coronet im Museum, den wir Michael Becker abgekauft haben. Die Technik Museen sind schon immer ein beliebtes Ziel in meiner Freizeit gewesen. Mit Umzug nach Sinsheim und in freudiger Erwartung des Nachwuchses habe ich dann eine Mitgliedschaft im Förderverein abgeschlossen.

FORD MUSTANG

Baujahr:	1970
Leistung:	220 PS
Hubraum:	4.940 ccm
Motor:	V8

CADILLAC ELDORADO

Baujahr:	1958
Leistung:	314 PS
Hubraum:	5.972 ccm
Motor:	V8

PONTIAC CHIEFTAIN

Baujahr:	1957
Leistung:	252 PS
Hubraum:	5.700 ccm
Motor:	V8

CADILLAC ELDORADO BIARRITZ

Baujahr:	1959
Leistung:	350 PS
Hubraum:	6.390 ccm
Motor:	V8

HARLEY DAVIDSON FLATHEAD

Baujahr:	1940
Leistung:	34 PS
Hubraum:	1.292 ccm
Motor:	2 Zylinder

CHEVROLET
IMPALA CONVERTIBLE

Baujahr:	1958
Leistung:	250 PS
Hubraum:	5.703 ccm
Motor:	V8

FORD SKYLINER CONVERTIBLE

Baujahr:	1959
Leistung:	202 PS
Hubraum:	4.785 ccm
Motor:	V8

FORD THUNDERBIRD CONVERTIBLE

Baujahr:	1958
Leistung:	300 PS
Hubraum:	5.300 ccm
Motor:	V8

CHRYSLER NEW YORKER
DE LUXE CONVERTIBLE

Baujahr:	1954
Leistung:	235 PS
Hubraum:	5.400 ccm
Motor:	V8

FORD GALAXIE 500 „POLICE"

Baujahr:	1968
Leistung:	325 PS
Hubraum:	4.780 ccm
Motor:	V8

FORD THUNDERBIRD CONVERTIBLE

Baujahr:	1955
Leistung:	248 PS
Hubraum:	5.112 ccm
Motor:	V8

CHEVROLET CAPRICE „POLICE“

Baujahr:	1976 – 1990
Leistung:	110 – 170 PS
Hubraum:	3.800 – 5.700 ccm
Motor:	V8

CHEVROLET CORVETTE C1

Baujahr:	1956
Leistung:	250 PS
Hubraum:	4.337 ccm
Motor:	V8

CHEVROLET CABRIO
CORVETTE C1

Baujahr:	1954
Leistung:	152 PS
Hubraum:	3.900 ccm
Motor:	6 Zylinder

CHEVROLET ROADSTER CORVETTE C1

Baujahr:	1955
Leistung:	195 PS
Hubraum:	4.342 ccm
Motor:	V8

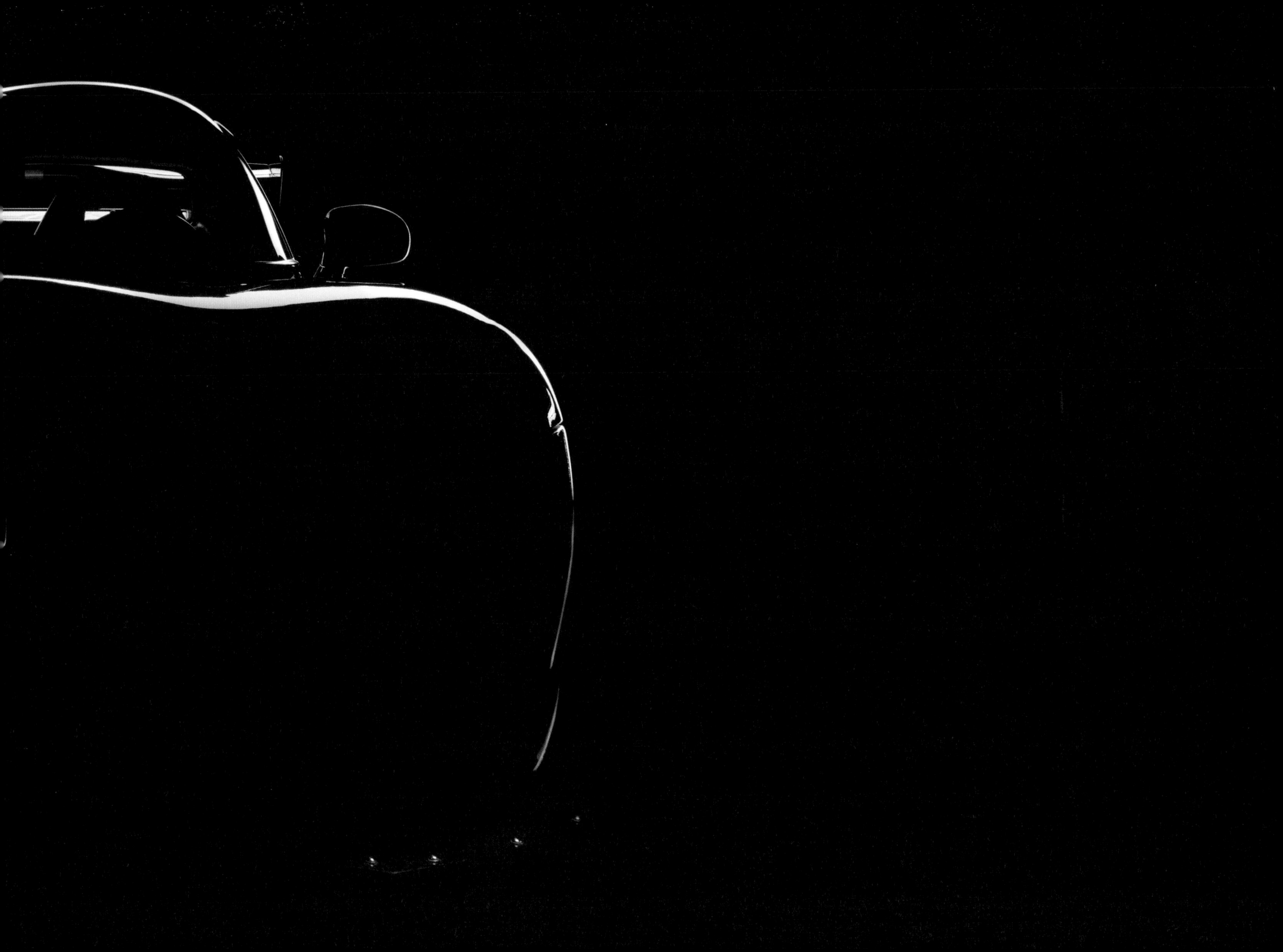

Museum

DODGE VIPER RT/10	
Baujahr:	1993
Leistung:	406 PS
Hubraum:	7.990 ccm
Motor:	10 Zylinder

Gerd Richter

Gerd Richter

WENN ICH FAHRE, DANN JA NICHT ZIMPERLICH

Gerd besitzt mehrere Autos, darunter zwei Corvettes Cabrio aus den 60ern sowie einen 1960 Ford F-100 Pick-Up Longbed Styleside und einen 1959er Ford-F600 Tow Wrecker. Seine Autos repariert und restauriert er selbst. Nur besondere Arbeiten werden von einer Werkstatt seines Vertrauens durchgeführt. Eigens für seine Viper benötigt er einen Profi mit Spezialwerkzeug. Als Mitglied der Traditionsgruppe des Allgemeinen Schnauferl Clubs (ASC), ein Club für Freunde und Liebhaber historischer Automobile, ist Gerd seit Jahren Schnauferl-Bruder von Hermann Layher. Mit seinen Corvettes ist er mehrmals bei der Heidelberg Historic Rallye mitgefahren.

Schon seit vielen Jahren bin ich begeistert vom Rennsport, speziell vom amerikanischen. Ich bin Dauergast beim *Indy 500-Rennen*. Es lag also nah, mir ein Fahrzeug mit Rennsportgenen zuzulegen. Ich wollte schon immer einen großvolumigen und leistungsstarken US-10-Zylinder haben. Mit dem V10 setzt man einfach noch einen drauf und das gibt es halt nur bei der Dodge Viper. Die habe ich mir 2012 in Bayern gekauft. Ich bin froh, dass ich ein sehr gutes Exemplar von der Viper bekommen habe. Der Wagen läuft ausgesprochen zuverlässig. Da meine eine der wenigen 1993 hergestellten, kanadischen Exemplare ist, musste ich nichts umrüsten. Selbst der Tacho hatte schon Kilometer-, statt Meilenangabe. Schwierig gestaltet sich allerdings die Versorgung mit Reserveteilen. Da die Viper eine der ersten Generation ist, kann es sein, dass der Wagen ein paar Wochen stehen muss bis Ersatz da ist, wenn ein spezielles Teil kaputt geht. Auch die Clubszene ist überschaubar. Daher sollte man nicht allzu viel Hoffnung darauf geben, dass man über diese immer an die notwendigen Teile kommt.

DIESES JAHR IST MIR DER ÖLDRUCKSENSOR UM DIE OHREN GEFLOGEN.

Da musste ich relativ lange suchen, bis ich ein entsprechendes Ersatzteil in Amerika gefunden habe. In Deutschland bekommst du die gar nicht mehr. Auch nicht bei den wenigen Dodge-Werkstätten. Ein Corvette-Tuner wollte mir den Sensor für über 250 Euro verkaufen. Schließlich habe ich einen passenden für ein paar Dollar in Amerika gefunden.

Der Wagen ist aber ansonsten sehr zuverlässig. Der Öldrucksensor war die erste kleinere Reparatur, seit ich das Fahrzeug besitze. Für Deutsche etwas bescheiden, aber typisch amerikanisch, ist die Verarbeitungsqualität. Die Spaltmaße in der Kunststoffkarosserie sind nicht gerade vorbildlich.

ABER DER FAHRSPASS IST DAFÜR UNVERGLEICHLICH!

Mit dem Wagen bin ich übrigens meist alleine unterwegs. Meine Frau steht eher auf die klassischen Corvettes aus den Jahren 1960 und 1963 – hier ist das Cruisen angesagt. Klar fahre ich mit dem Wagen nicht die Strecke, die man normalerweise mit seinem Auto zurücklegt, aber an die 3.000 Kilometer im Jahr sind es dann doch – und wenn ich fahre, dann ja nicht zimperlich.

Rennen fahre ich mit dem Fahrzeug zwar nicht, aber ab und zu jage ich die Viper dann doch mal über eine Rennstrecke.

DER VORTRIEB IST GEWALTIG!

Elektronische Helferlein wie ABS oder ESP gibt es praktisch nicht. Im Prinzip besteht der Wagen nur aus dem Motorblock, zwei Sitzen und dem Tank. Der Wagen ist ein extremer Leichtbau, inklusive Kunststoffkarosserie und Steckscheiben.

Die Serien-Viper hat um die 400 PS, meine bekam noch ein Motortuning on top. Die Leistung bringt der Motor ohne Turbolader. Front- und Heckspoiler sind auf Motorsport ausgelegt. Besonders gefällt mir an dem Wagen natürlich seine unverwechselbare Optik. Bemerkenswert ist auch das Double Bubble, das speziell beim Rennsport für das Tragen von Helmen in die Form des Daches integriert wurde. Das Fahrverhalten der Dodge Viper ist mitunter so giftig, wie der Name es verspricht. Die Abwärme des Motors und der Side Pipes heizen den Fußraum ordentlich auf. Das macht allerdings den Reiz aus, dass die Urgewalt des 10-Zylinders ohne Filter auf die Insassen wirken kann.

CHEVROLET CAMARO
Baujahr: 2018
Leistung: 453 PS
Hubraum: 6.162 ccm
Motor: V8

DODGE CHARGER SRT 392

Baujahr:	2015
Leistung:	492 PS
Hubraum:	6.417 ccm
Motor:	V8

DODGE CHALLENGER SRT HELLCAT

Baujahr:	2016
Leistung:	717 PS
Hubraum:	6.166 ccm
Motor:	V8

Thorsten Kohse

Thorsten Kohse

DAS AUTO ZU KAUFEN WAR DIE BESTE ENTSCHEIDUNG MEINES LEBENS

Thorsten ist dem Technik Museum schon sehr lange verbunden. Er ist Leiter der Kasse und hat schon seine Ausbildung zum Kaufmann dort absolviert. Seine Leidenschaft für Technik, vor allem für Autos, hat Thorsten von klein auf. Ein Einkauf mit seinen Eltern endete nie ohne Matchboxauto, teilweise hat er sie bis heute aufgehoben. Zur Liebe für amerikanische Autos kam er über einen Umweg.

Eigentlich komme ich aus der japanischen Autoszene. Da wurde ich geprägt und habe eine Leidenschaft entwickelt. Viele Jahre bin ich Honda gefahren. Insgeheim war aber ein amerikanischer V8 schon immer mein Traum. Wenn auf Treffen so ein Ding vorbeifuhr, da dachte ich: So einen muss ich irgendwann haben. 2015 hat es der finanzielle Rahmen dann zugelassen und ich habe in Stuttgart einen Camaro angeschaut. Ich bin ihn Probe gefahren und habe ihn gekauft. Da ich immer einen Saisonwagen und einen Ganzjahreswagen hatte, ging das ganz schön ins Geld. Nach drei glücklichen Jahren habe ich mich von ihm getrennt. Der Neue musste aber wieder ein Amerikaner sein, diesmal ein Alltagsfahrzeug.

Im Internet habe ich dann ein bisschen geschaut, was mich optisch und leistungstechnisch anspricht und bin bei den Bildern dann immer wieder beim Dodge Charger hängengeblieben. Ich habe ihn gesehen, mich verliebt und gesagt: den muss ich haben. Nach einem Dreivierteljahr bin ich durch Zufall dann bei einem VW Autohändler auf das Auto gestoßen. Dann kam eins zum anderen.

Ich konnte dem Verkäufer sogar noch mehr über das Auto erzählen als er mir. Die Automatik-US-Importe haben eine Funktion, bei der du das Auto mit einer Fernbedienung starten kannst. Je nach dem, was du ansteuerst, laufen dann der Motor, die Klimaanlage oder die Heizung. In Deutschland ist das meines Wissens ab Werk verboten. Ich nahm also die Fernbedienung in die Hand und fragte: „Hast du mal den Fernstart ausprobiert?" Der Händler wusste nicht wovon ich sprach. Er dachte, das funktioniert gar nicht. Ich habe ihm gezeigt, dass das jeder Ami kann. Er war völlig begeistert. Seit August 2018 ist das jetzt meiner –

DAS AUTO ZU KAUFEN,
WAR DIE BESTE ENTSCHEIDUNG MEINES LEBENS.

Mein Auto bedeutet mir viel, es ist nicht nur ein Fortbewegungsmittel. Früher war es nur ein Hobby, mittlerweile ist es aber eine Leidenschaft geworden. Ich könnte mir nicht vorstellen, kein Auto zu haben und speziell dieses nicht.
Das ist jetzt ein Dodge Charger SRT 392, 6,4 Liter mit 492 PS. Die Höchstgeschwindigkeit liegt meines Wissens bei circa 290 km/h, mein schnellstes war 210 km/h. Da habe ich es langsam angehen lassen, ich hatte noch abgefahrene Sommerreifen drauf.

Rennen fahre ich aber nicht. Ich gehe viel lieber zu US-Car Treffen. Am liebsten zu kleinen. So große mit tausend Fahrzeugen, das ist mir zu viel Ramsch. Auf den kleinen kann man mit den Besitzern ins Gespräch kommen und sich austauschen. Hinter der Marke gibt es eine große Community. Wir kommunizieren digital, sprechen uns ab, was es Neues gibt, auf welche Treffen wir gehen oder ob es Hilfe gibt, wenn am Auto was kaputt ist. Wir sind circa sechzig Leute, da ist immer etwas los und es wird nicht langweilig.

Ich will mir nächstes Jahr aber eventuell ein neues Auto kaufen. Wenn Dodge den Charger als Breitbau-Modell rausbringt, kann es sein, dass der Jetzige gehen muss. Der neue ist dann nochmal ein paar Zentimeter breiter und dicker. Er hat ein besseres Auftreten, ist bulliger und hat zwei, drei Kleinigkeiten extra dazu.

Obwohl ich mit meinem Jetzigen wirklich sehr zufrieden bin. Aber deswegen habe ich an dem noch nicht so viel gemacht. Nur die Seitenbegrenzungsleuchten in LED getauscht. In Deutschland gibt es sowieso nicht so viel Teile. Man muss importieren und das ist schweineteuer. Ich muss an meinen Autos aber immer etwas machen. Ich kann die nicht so nehmen, wie sie vom Band kommen.

Auch der Spritverbrauch spielt bei mir keine Rolle. Wenn ich darauf achten würde, dann dürfte ich mir den nicht kaufen. Bei diesen Modellen ist der Verbrauch moderat, da sie eine Zylinderabschaltung haben, wenn eine gewisse Drehzahl erreicht ist. Dann schalten sich vier Zylinder aus – klingt dann halt aber scheiße. Der V8-Sound ist schon immer gut gewesen. Leider kommen sie nicht an die Oldtimer ran, aber die neuen sind schon ok, vor allem jetzt mit der Auspuffklappe.

Traumautos habe ich noch ein paar. Bei einer großen Garage würden da viele stehen. Aber es sind dann schon die US-Cars. Die Amerikaner sind bulliger und waren verrufen, dass sie nur geradeaus fahren können und nicht in der Kurve. So große Motoren, wie die Amerikaner sie bauen, wirst du bei deutschen Autos nicht sehen. Hier ist das mittlerweile bei dem einen oder anderen Hersteller alles Einheitsbrei. Bei den Amis hat jeder immer etwas gewagt, wie zum Beispiel die Heckflosse.

ES GEHT JA AUCH DARUM, ETWAS BESONDERES ZU HABEN, NICHTS VON DER STANGE.

Ein Traumauto wäre zum Beispiel ein alter 58/59 Chevy El Camino oder ein 68er Dodge Charger, ein Plymouth Fury, oder ein Plymouth Barracuda – die kann man aber nicht bezahlen.

FORD MUSTANG ECOBOOST

Baujahr:	2015
Leistung:	317 PS
Hubraum:	2.300 ccm
Motor:	4 Zylinder

James Ruger

James Ruger

MAN MEINT DER WAGEN HEBT AB

James ist in den USA geboren und hat seine ersten vier Lebensjahre dort verbracht. Seine Großeltern hat er danach regelmäßig in Amerika besucht. Mit der StingRay seines Opas hat er das Fahren gelernt, was seine Liebe zu den Corvettes entfacht hat. Die Leidenschaft für US-Cars hat er von ihm geerbt. Der Sound eines V8-Motors hat ihn schon als Kind beeindruckt. James besitzt mehrere Fahrzeuge, darunter drei Porsches, zwei Corvettes und zwei Harley Davidson. An seinen Fahrzeugen schraubt er bis zu einem gewissen Grad selbst, gibt sie bei komplizierteren Reparaturen aber an die Spezialisten. Das US-Car Treffen und den Brazzeltag besucht er regelmäßig.

So eine gelbe C6 Corvette, wie meine, gibt es weltweit nur zweimal. An dem Wagen wurde praktisch alles verändert: ein reiner Sauger mit 600 PS und 750 Nm, ein 2 cm tiefergelegtes *Bilstein* Fahrwerk, offene Rennsportauspuffanlage, viele Racingteile und eine Innenausstattung aus Alcantara mit gelben Absetzungen. Serienmäßig ist der Wagen etwas kopflastig. Bei höheren Geschwindigkeiten, die ich durchaus auch mal fahre, meint man, der Wagen hebt ab.

Bei meiner Corvette ist ein komplettes Aero-Kit der Z1 drangebaut worden, welche die Aerodynamik entscheidend verbessert. Der Wagen saugt sich regelrecht an den Boden an. Das Ganze ist richtig professionell bei *Callaway* in Leingarten aufgebaut worden. Vor ein paar Jahren sind die noch mit kleinmotorisierten Corvettes erfolgreich Rennen gefahren. Meine ist quasi ein Rennwagen mit Straßenzulassung.

Meine zweite Corvette ist eine brandneue, limitierte Corvette Carbon 65 mit über 800 PS und 950 Nm. Meiner Meinung nach, die geilste Corvette, die jemals gebaut worden ist. Dach, Spoiler, ein paar Karosserieteile, Lenkrad, Sitze und vieles mehr – alles aus Carbon. Das Fahrwerk ist auch hier 2 cm tiefer und verbessert worden.

Die Corvette begleitet mich schon mein ganzes Leben. Seit frühester Kindheit liebe ich diese aufregende Form mit der extrem langen Schnauze. Mit 16 Jahren habe ich meinen Führerschein mit einer 7,7 Liter C3 Corvette mit einem Big Block V8-Motor gemacht. Spätestens zu diesem Zeitpunkt war die Leidenschaft für amerikanische Sportwagen, insbesondere der Corvette, entbrannt. Dieses Brummen des Achtzylinders ist so kraftvoll und einfach faszinierend.

EIN V8 WAR SCHON IMMER MEIN FAVORIT UND MEIN TRAUM.

Ich besuche regelmäßig die *GT Masters* auf dem Hockenheimring und bin mit meiner Corvette C6 auch schon selbst bei einem Rennen mitgefahren. Allerdings nur einmal und nie wieder! Nachdem es vor mir einen Porsche durchs Kiesbett gedreht hat und so eine Menge Steine auf meine Corvette geschleudert wurden, hatte ich keine Lust mehr, meine C6 aufs Spiel zu setzen. Auch bei Regen empfiehlt es sich übrigens nicht, diesen Sportwagen aus der Garage zu holen. Durch die 335er Schlappen bekommt man beim Ritt über nasse Straßen schon mal den ein oder anderen Adrenalin-Schub. Aber morgens um 7 Uhr, wenn die Corvette frische Morgenluft einatmen kann, dann ist das Auto unschlagbar. Sie ist auch sehr zuverlässig. Allerdings muss man sie natürlich gründlich warm fahren, bevor man die Leistung abruft.

CORVETTE C6/Z06

Baujahr:	2007
Leistung:	590 PS
Hubraum:	7.011 ccm
Motor:	V8

CHEVROLET CORVETTE C5/Z06

Baujahr:	2002
Leistung:	ca. 1.000 PS
Hubraum:	5.735 ccm
Motor:	V8

FORD GT

Baujahr:	2005
Leistung:	541 PS
Hubraum:	5.400 ccm
Motor:	V8

Markus Müller

Markus Müller

DER SOUND IST UNGLAUBLICH!

Markus ist seit 2017 Serviceleiter im Restaurant des Technik Museum Sinsheim. Gemeinsam mit seiner Frau ist er auch Mitglied im Museumsverein. Die Leidenschaft für alte Motorräder und Autos hat er nach eigenen Angaben von seinem Opa geerbt. Sein Sonntagsauto ist ein VW Käfer Silver Bug. Beim Restaurieren steht momentan eine NSU Quickly S. Diese Fahrzeuge sind sein Hobby, im Alltag begleiten ihn seine KTM 690 Duke und ein Opel Corsa D OPC. Momentan steht seine Harley Davidson Sportster Iron 883 in der American Dream Cars Ausstellung. Diese hat sogar Horst Lichter schon beeindruckt.

Auf die Idee, eine Sportster Iron zu kaufen, bin ich per Zufall gekommen. Ein Stammgast vom Restaurant konnte nicht auf das langersehnte Peter Maffay Konzert gehen und hat seine Eintrittskarten dafür mir und meinem Schwiegervater gegeben. Im Vorfeld der Veranstaltung hieß es, Peter Maffay würde vor Konzertbeginn mit seinem Motorrad durch die Nebengänge der *SAP* Arena bis auf die Bühne fahren. So war das dann auch! Mit was für einer Maschine er auf die Bühne fuhr, konnte ich zunächst nicht erkennen.

FÜR MICH WAR DAS TEIL EINFACH NUR SCHWARZ, MATT UND GEIL!

So eine Maschine musste ich einfach haben! Mein Schwiegervater sagte: „Das ist eine Harley Davidson und bestimmt sauteuer". Ein Jahr später habe ich mir dann trotzdem meine Maschine beim ansässigen Harley Händler abgeholt. Zur Verwunderung der anwesenden Biker konnte ich die Maschine bar bezahlen, da ich fleißig gespart hatte. Damit die Maschine so aussieht, wie sie mir gefällt, habe ich noch einiges an Geld reingesteckt: Luftfilter, Auspuffanlage und Motor habe ich überarbeitet und das Chrom soweit es ging reduziert. Da kam also einiges zusammen.

Bei der Auspuffanlage war es mir wichtig, dass diese mechanisch und nicht elektronisch gesteuert ist und dass ich sie ohne Probleme eintragen lassen konnte. Viel Auswahl an guten Auspuffanlagen mit entsprechend gutem Sound gibt es nicht, ich wurde aber fündig. Über einen Hebel am Lenker lassen sich die Trompeten von Jericho dazu schalten – und ich fahre gerne mal offen.

DER SOUND IST UNGLAUBLICH!

Wenn ich nachts unterwegs bin oder durch Wohngebiete fahre, bleibt die Anlage zu. Das gute Stück hole ich sowieso nur bei schönem Wetter aus der Garage! Durch die harte Abstimmung des Fahrwerks ist der Ritt über nasse Landstraßen mit der Harley nicht zu empfehlen. Davon abgesehen ist mir die Putzerei nach schlechtem Wetter zuwider. Für solche Fälle habe ich dann meine KTM, die sich auch auf nassen Straßen super bewegen lässt. Übrigens sind die Sportster, obwohl sie den kleineren Motor haben, meist die lauteren Harleys – die klingen rotzig-frech. Die Großen blubbern eher.

Mein Schwiegervater hat übrigens mittlerweile nachziehen müssen und hat sich vor ein paar Jahren eine Wide Glide mit 1.600 ccm gekauft. Die klingt warm, die klingt gut, hat auch dieselbe Auspuffanlage, aber ist halt einfach leiser.

Der kräftige Sound meiner Iron hat übrigens mal die Polizei von Heidelberg beschäftigt. Sie haben eine Dreiviertelstunde lang mein Motorrad auseinandergenommen. Ich kam damals frisch vom TÜV. Der Bericht war eine viertel Stunde alt, als mich die Polizei rauszog. Ich habe den Polizisten gleich erkannt, weil er legendär ist in Heidelberg – ein harter Hund. Dieser hat sofort über Funk bekannt gegeben, dass er einen Hauptgewinn hat. Es wurden also ein Transporter und Kollegen angefordert. Eine Dreiviertelstunde lang haben sie einen Grund gesucht, mich nicht weiter fahren zu lassen. Sie haben alle Unterlagen durchgeschaut und schier das Kotzen gekriegt, weil ich von jedem Schräubchen und jeder Abdeckung die Rechnung hatte und von jeder Umbaumaßnahme beglaubigte Dokumente. Erst als die Beamten mit ihrer Untersuchung fast fertig waren, zog ich den noch lauwarmen TÜV-Bericht aus der Tasche. Der Polizist sagte dann im etwas genervten Ton: „Fahren Sie einfach weiter!!"

Ein paar Wochen später hatte ich bei meiner damaligen Arbeit in einem Restaurant in Heidelberg eine Stammtischrunde zu Gast und ich wusste nicht, dass es Polizisten waren. Wir haben uns über Motorräder unterhalten und nachdem ich erzählte, dass ich eine Sportster Iron fahre, schaute mich ein Polizist an und nannte mir mein Kennzeichen. Ich war total perplex. Er sagte nur: „Du bist der Hauptgewinn". Das ging wohl ganz schön durch die Abteilung. Der Kollege hatte sich noch nie geirrt und er musste jetzt einen Bericht schreiben, warum er so ein großes Aufgebot bestellt hatte und nichts beschlagnahmt wurde. Er hat sich als harter Hund so richtig eine Kerbe ins Holz geschlagen.

Eine handgefertigte Besonderheit gibt es bei meiner Iron übrigens auch! Der Gepäckträger ist komplett aus flachen Ring- und Gabelschlüsseln zusammengeschweißt und wurde von meinem Schwiegervater gebaut. Mir war klar, dass dieses Unikat auf so manchen Motorradtreffen für Verwirrung sorgen wird und tatsächlich wurde ich schon oft auf den Gepäckträger angesprochen. Mein Schwiegervater hätte eine Menge Aufträge annehmen können, allerdings war das Schweißen so eine Sauarbeit, dass er das nicht nochmal machen wollte.

Bei den *Harley Days 2012* sorgte der Gepäckträger für eine Verspätung von Horst Lichter. Dieser kam eine halbe Stunde zu spät zur Parade, die er anführen sollte, da er sich mit mir wegen des Gepäckträgers verquatscht hatte. Mein Schwiegervater war stolz wie Oskar über solch ein Kompliment. Was mir aufgefallen ist, egal wo du mit deiner Harley bist, es gibt immer Leute mit denen du ins Gespräch kommst. Unter den Harley-Fahrern, auch wenn du nicht in einem Club bist, ist es immer wie eine große Familie.

HARLEY DAVIDSON SPORTSTER IRON 883

Baujahr:	2012
Leistung:	69 PS
Hubraum:	883 ccm
Motor:	2 Zylinder

Sebastian Schnepper

Fahrzeuge mit vielen Gesichtern

Die besondere Herausforderung beim Fotografieren war, die Exponate direkt in der Ausstellung und nicht im Freien oder in einem Fotostudio abzulichten. So hatte ich die Möglichkeit, die Fahrzeuge in ihren passend gestalteten Szenerien zu zeigen und Elemente der Ausstellung fragmentarisch aufzugreifen. Die Schwierigkeit lag jedoch bei der Umsetzung – denn wo ein Empire State Building steht oder eine schrägliegende *NASCAR*-Strecke nachgebaut wurde, kann man keine Lampen hinstellen. Somit waren die gängigen Beleuchtungsmethoden hinfällig und oftmals aufwendigere Lichtaufbauten notwendig.

Bei den Fahrzeugen war es mir wichtig herauszuarbeiten, wofür diese stehen. Mit leuchtenden Farben, die aus dem Dunklen hervortreten – ähnlich wie man es von Leuchtreklamen aus alten amerikanischen Filmen kennt – sollen die Vielfältigkeit und das extrovertierte Design der Fahrzeuge zu Geltung gebracht werden. Die dynamischen, oft weitwinklig aufgenommenen Perspektiven unterstreichen die Kraft und die Größe der hubraumstarken US-Cars. Und was wären amerikanische Traumautos ohne den Traum, sich vorzustellen, was man mit diesen erleben möchte? Hier haben Vanessa Layhers Gestaltungselemente der neuen Ausstellung ihren Zweck voll erfüllt. Rennstrecken, Loopings, Verfolgungsjagden – auf einigen Bildern sind sie dezent zu erkennen, so dass sie dem Betrachter noch genug Spielraum lassen, sich selbst in die eigene Story hinein zu versetzen.

Die Portraits der Besitzer waren im Vergleich zu den komplexeren Fahrzeugaufnahmen eine willkommene Abwechslung. Die Menschen zu besuchen, die diese Fahrzeuge aufgebaut und restauriert haben, sie immer noch pflegen und fahren, war eine außergewöhnlich schöne Erfahrung. Die Portraits sind wie abgebildet bei den Besitzern zuhause entstanden. Sie sollten echt, unverfälscht und authentisch sein – und das sind sie ohne große Mühe auch geworden. Denn die Kulissen, von der Werkstatt über die Schraubergarage bis zur Harley-Bar, konnten ausnahmslos unverändert ihren Zweck erfüllen – nämlich den Menschen, der hinter allem steht, im Vordergrund zu zeigen.

Letztlich ist es genau das, wofür das *Technik Museum* steht, was es auszeichnet und so einzigartig macht. Es ist entstanden und gewachsen durch Menschen, wie sie in diesem Buch zu finden sind, die alle eine große Leidenschaft verbindet und die diese gerne mit anderen teilen: Technik für Fans von Fans.

Sebastian Schnepper
Fotograf